Mahmoud Fazaa
Sara Waheed

O valor nutricional e medicinal da criação de arroz preto

Mahmoud Fazaa
Sara Waheed

O valor nutricional e medicinal da criação de arroz preto

ScienciaScripts

Imprint
Any brand names and product names mentioned in this book are subject to trademark, brand or patent protection and are trademarks or registered trademarks of their respective holders. The use of brand names, product names, common names, trade names, product descriptions etc. even without a particular marking in this work is in no way to be construed to mean that such names may be regarded as unrestricted in respect of trademark and brand protection legislation and could thus be used by anyone.

Cover image: www.ingimage.com

This book is a translation from the original published under ISBN 978-620-7-65325-6.

Publisher:
Sciencia Scripts
is a trademark of
Dodo Books Indian Ocean Ltd. and OmniScriptum S.R.L publishing group

120 High Road, East Finchley, London, N2 9ED, United Kingdom
Str. Armeneasca 28/1, office 1, Chisinau MD-2012, Republic of Moldova, Europe
Printed at: see last page
ISBN: 978-620-8-09434-8

Conteúdo

Agradecimentos

Em primeiro lugar, louvor a Deus, o Senhor do mundo, por todas as bênçãos e graças.

A minha profunda gratidão e apreço pelo meu querido Professor **Dr. Saied Abdelsalam Dorah**, Prof. de Genética, Faculdade de Agricultura, Universidade de Kafr Elsheikh, pela sua amável supervisão, conselhos científicos e encorajamento.

Dr. Abdelsalam Ebaid Draz, conselheiro geral do Programa Nacional de Investigação do Arroz, Departamento de Investigação do Arroz, Instituto de Investigação de Culturas Arvenses, Centro de Investigação Agrícola, pela sua amável supervisão e apoio com todas as instalações do RRTC e pelos seus valiosos conselhos.

Dr. Hassan El-Saied Galal, Professor Emérito de Genética, Departamento de Genética, Faculdade de Agricultura, Universidade de Kafr elsheikh, pelos seus conselhos e pela sua justa apreciação.

Mahmoud Fazaa (Autor)

O meu apreço e gratidão ao meu pai **Waheed** e à minha mãe **Maha,** que me apoiaram durante todos estes anos para alcançar os meus objectivos e sonhos na vida com as suas orações e sentimentos calorosos. Muito obrigado também às minhas irmãs **Norah** e **Aisha** pelo apoio e encorajamento.

Gratidão especial e imortal aos meus filhos **Nabah e Youssef**, as estrelas das minhas noites, que me incentivaram a ser aquilo com que sonhei e a conseguir aquilo que realmente mereço.

Por último, agradeço ao Dr. Mahmoud Fazaa que me deu a oportunidade de partilhar
na edição deste livro. **Sara Waheed (Editor.)**

Mahmoud Fazaa
junho, 1st , 2024
Egito

O arroz preto é uma das várias variedades de arroz colorido (preto, roxo, vermelho, cor-de-rosa, azul, castanho e amarelo), o chamado arroz milagroso, que tem um valor nutricional elevado em comparação com o arroz branco. O farelo de arroz preto é rico na sua composição e contém proteínas, lípidos, fibras, vitaminas e minerais. As principais vitaminas presentes no farelo de arroz são a vitamina E e as vitaminas B. A fração mineral é composta principalmente por P, K, Mg, Ca, Fe, Zn e Mn. A sua cor escura deve-se principalmente ao seu elevado teor de antocianinas, que lhe conferem uma cor distinta. Estes antioxidantes ajudam a combater os radicais livres. Aqui, criamos novas variedades de arroz mais nutritivas através da produção de linhas duplamente haplóides derivadas do arroz preto, utilizando a técnica de cultura de anteras, estudando também a herança de caraterísticas agronómicas e de rendimento, a utilização de marcadores de ADN para produzir linhas de elevado valor nutricional como fonte de novos antioxidantes naturais e anticarcinogénicos, a fim de tornar possível melhorar o valor nutricional e médico do arroz vivo.

Mahmoud Fazaa

Doutor em Investigação Genética,
Criador de arroz no Departamento de Criação de Plantas, Centro de Investigação e Formação do Arroz,
Centro de Investigação Agrícola, Egito

Sara Waheed

Licenciatura em Genética - Mestre em Genética, Departamento de Genética, Faculdade de Agricultura, Universidade de Kafr Elshiekh

Prefácio

O arroz, *Oryza sativa L*. (2n=24), é uma das culturas mais importantes a nível mundial, sendo considerado um alimento básico em muitos países do mundo e continuará a sê-lo nos tempos mais próximos. Nos próximos 30 anos, o mundo necessitará de mais 70% de arroz do que produz atualmente. Estima-se que metade da população mundial vive total ou parcialmente do arroz. O arroz está intimamente envolvido na cultura, na alimentação e na economia de muitas sociedades **(IRRI 2006)**. O arroz é considerado uma cultura estratégica no Egito. Um total de 6,8 milhões de toneladas de arroz é produzido anualmente a partir de cerca de 0,65 m/ha na parte norte do país. O Egito alcançou uma das mais elevadas produtividades por unidade de área a nível mundial (10 t/ha). O Egito alcançou a autossuficiência e mais de 1 milhão de toneladas de arroz são exportadas anualmente **(RRTC 2009)**.

"Arroz é vida", isto é especialmente verdade em todo o mundo, particularmente nos países asiáticos, onde a maior parte do arroz é cultivada e consumida. O arroz é um alimento simples e barato, que constitui a base da segurança alimentar. A falta de abastecimento de arroz pode provocar a fome em algumas partes do mundo. Por exemplo, em África, onde a escassez de alimentos continua a ser um problema crítico, muitas pessoas morrem de fome todos os anos. O arroz é capaz de fornecer energia adequada, mas tem um perfil de aminoácidos incompleto e contém quantidades limitadas de micronutrientes. A moagem, que produz o arroz branco - o mais comummente consumido - remove grandes quantidades de proteínas, fibras, gorduras, ferro e vitaminas B. Por conseguinte, os problemas nutricionais mais comuns nas comunidades pobres que consomem arroz são a subnutrição energética proteica e as deficiências de ferro, iodo e vitamina A. Cerca de metade das mulheres em idade reprodutiva na Ásia sofrem de carência de ferro, enquanto a carência de vitamina A afecta 10% a 25% das crianças e das mulheres grávidas. No sul da Ásia, o nível de deficiência subclínica de vitamina A nos pré-escolares pode atingir 1 em cada 3. A deficiência de ferro reduz a capacidade de aprendizagem das crianças e é uma das principais causas de morte materna. A deficiência de vitamina A pode levar à cegueira e é um fator de risco importante na mortalidade infantil e materna, mesmo a níveis baixos **(FAO e IRRI 2004)**.

O arroz branco tem um valor nutricional aceitável, mas alguns tipos de arroz colorido (preto, roxo, rosa, azul, vermelho e amarelo) têm um elevado valor nutricional e médico porque são ricos em ferro, zinco, Mn, Mg, proteínas, hidratos de carbono complexos e vitamina E e B. **(IRRI 2006)**.

A biotecnologia pode certamente fornecer soluções para a maioria dos problemas associados ao melhoramento do arroz. A técnica de cultura de anteras oferece grandes oportunidades para acelerar o progresso do melhoramento e gerar, bem como dirigir a variação para aumentar a diversidade genética útil para o melhoramento do arroz **(Lapitan 2004)**. A cultura de anteras é um dos melhores métodos de melhoramento com numerosas vantagens: encurtamento do ciclo de melhoramento através da fixação imediata de homozigotia, aumento da eficiência da seleção, alargamento da variabilidade genética através da produção de variantes gametoclonais e permitindo a expressão precoce de genes recessivos **(Zapata 1992)**. Utilizando a técnica de cultura de anteras, foram desenvolvidas várias linhas como dadores para diferentes caraterísticas e estas linhas de cultura de anteras selecionadas possuem um elevado potencial de rendimento, melhor qualidade do grão, valor nutricional, resistência à explosão e resistência à broca do caule **(Draz 2004)**.

Recentemente, a tecnologia de marcadores de ADN está a ser utilizada em programas de melhoramento de arroz para aumentar o desenvolvimento de cultivares de arroz com melhor qualidade de grão e valor nutricional genético do arroz. Os marcadores de repetições de sequências simples (SSRs) e de polimorfismo de nucleótido único (SNP) ligados a estas caraterísticas específicas são utilizados para prever a qualidade de cozedura do grão moído e para selecionar genes de valor nutricional. Um dos principais objectivos da utilização de marcadores de ADN no processo de melhoramento é poder selecionar eficazmente a descendência de populações segregantes com valor nutricional melhorado e boa qualidade de cozedura através da seleção assistida por marcadores (MAS).

Stages for Anther Culture Lines Development

A presente investigação tem por objetivo estudar a herança de alguns caracteres agronómicos, de rendimento e seus componentes para alguns genótipos de arroz relacionados com caraterísticas de valor nutricional e a utilização de marcadores de ADN como seleção assistida por marcadores no melhoramento do arroz preto. Por conseguinte, neste capítulo serão revistos os estudos anteriores que abordaram as mesmas questões.

1.1 Importância do arroz

O arroz é cultivado em climas quentes há dezenas de milhares de anos. A população da China, Indonésia e Índia - 2,5 mil milhões no total ou mais de metade da população mundial - depende do arroz como alimento de base, de acordo com a Asia Rice Foundation. Nos próximos 20 anos, o número de pessoas que dependem do arroz aumentará em 1,2 mil milhões. O arroz é um cereal saudável e nutritivo e tem qualidades que o tornam adequado para necessidades dietéticas especiais. O arroz contém 103 calorias por porção de meia chávena de arroz branco e 108 calorias por porção de meia chávena de arroz integral. O arroz é isento de colesterol, sódio e glúten e contém vestígios de gordura, hidratos de carbono complexos e alimentos não alergénicos, que são facilmente digeríveis. O arroz oferece uma versatilidade insuperável por qualquer outro alimento. Pode fazer parte de qualquer refeição em receitas de sopas, saladas, pratos principais e sobremesas. É uma base económica e de fácil preparação para receitas gourmet e para uma cozinha caseira rápida e fácil. O sabor neutro do arroz combina bem com todos os alimentos. Desde carnes e produtos lácteos a frutos, nozes e legumes, o arroz acrescenta nutrição, textura e sabor a qualquer prato que acompanhe (IRRI 2006)

O arroz é um hidrato de carbono complexo, uma parte importante da dieta humana, utilizado para alimentar o corpo. Os hidratos de carbono complexos são armazenados nos músculos e libertados como energia quando necessário. Os nutricionistas recomendam que mais de metade das calorias que consumimos devem provir de hidratos de carbono complexos. A proteína do arroz, quando comparada com a de outros cereais, é considerada uma das proteínas de maior qualidade. Contém todos os oito aminoácidos essenciais, blocos de construção necessários para músculos fortes. O arroz é também uma boa fonte de outros nutrientes essenciais, como a tiamina, a riboflavina, a niacina, o fósforo, o ferro e o potássio. O arroz tem apenas um vestígio de gordura, sem colesterol e sem sódio. Isto, juntamente com o facto de não ser alergénico e não conter glúten, torna o arroz especialmente adequado para pessoas com necessidades alimentares especiais. (Kayahara e Tsukahara 2000).

Existem mais de 20 espécies de arroz (género Oryza), mas apenas duas espécies cultivadas, (Oryza sativa L.), originárias das regiões húmidas do sul e sudeste da Ásia, e Oryza glaberrima, originária da bacia do Níger, em África. (Hick. 1998). Embora existam várias espécies de arroz, a maior parte do arroz cultivado é Oryza sativa, que se divide em três subespécies principais: Indica, Japonica e Javanica. O arroz Indica é caracterizado por grãos longos e finos e tem geralmente uma textura seca e firme quando cozinhado. Entretanto, o arroz Japonica tem geralmente grãos mais curtos e uma textura macia e pegajosa quando cozinhado e o arroz Javanica tem geralmente caraterísticas intermédias.

O Egito é um dos poucos países que produzem variedades de arroz de elevado rendimento. Embora a média nacional tenha atingido 10,2 toneladas/ha em 2006, a procura de grãos de arroz está a aumentar devido ao rápido crescimento da população egípcia. É cultivado durante a época de verão em cerca de um milhão de fadden, o que representa cerca de 15% da área total cultivada no Egito. A produção total de arroz em casca é de cerca de 6-8 milhões de toneladas (RRTC 2006).

O arroz preto e o seu valor nutricional

O arroz preto é uma das várias variedades coloridas (preto, roxo, vermelho, cor-de-rosa, azul, castanho e amarelo) que, chamado arroz milagroso, tem um elevado valor nutricional em comparação com o arroz branco. O farelo de arroz preto é rico na sua composição e contém proteínas, lípidos, fibras, vitaminas e minerais. As principais vitaminas presentes no farelo de arroz são a vitamina E (a-tocoferol) e as vitaminas B (tiamina, riboflavina e niacina). A fração mineral é composta principalmente por fósforo, potássio e magnésio. A sua cor escura deve-se principalmente ao seu elevado teor de antocianina. (Adel -All et al. 2006).

Em termos nutricionais, mais de 2.000 milhões de asiáticos obtêm do arroz cerca de 60 a 70 por cento das suas necessidades calóricas diárias. O arroz é tão importante para a dieta asiática que pode ser o principal componente de quase todas as refeições que os asiáticos consomem.

O arroz é capaz de fornecer energia adequada, mas tem um perfil de aminoácidos incompleto e contém quantidades limitadas de micronutrientes. A moagem, que produz o arroz branco - o mais comummente consumido - remove grandes quantidades de proteínas, fibras, gorduras, ferro e vitaminas B. Por conseguinte, os problemas nutricionais mais comuns nas comunidades pobres que consomem arroz são a desnutrição energética proteica e as deficiências de ferro, iodo e vitamina A. Cerca de metade das mulheres em idade reprodutiva na Ásia sofrem de carência de ferro, enquanto a carência de vitamina A afecta 10% a 25% das crianças e das mulheres grávidas. No sul da Ásia, o nível de deficiência subclínica de vitamina A nos pré-escolares pode atingir 1 em cada 3.

A deficiência de ferro reduz a capacidade de aprendizagem das crianças e é uma das principais causas de morte materna. A deficiência de vitamina A pode levar à cegueira e é um fator de risco importante na mortalidade infantil e materna, mesmo a níveis baixos. (FAO 2004).

O arroz preto (Jiegnou 9601) como fonte de ferro biodisponível e de antioxidantes. A descoberta da espécie africana de arroz, Oryza glabberima, deu aos cientistas as matérias-primas para desenvolver um arroz mais nutritivo, especialmente em África. O O. glabberima pode conter entre 1 mg e 6 mg de zinco e ferro (dois minerais que não se encontram no Oryza sativa) e entre 5 g e 14 g de proteínas por 100 g de arroz. De facto, os cientistas fizeram progressos significativos com o melhoramento tradicional. Os criadores de plantas do IRRI (Instituto Internacional de Investigação do Arroz), em colaboração com o IFPRI (Instituto Internacional de Investigação sobre Políticas Alimentares), desenvolveram uma nova variedade de arroz que tem 4 a 5 vezes mais ferro do que o arroz normal.

O desenvolvimento de novas variedades de arroz que sejam mais nutritivas é simultaneamente prometedor e desafiante. À medida que cada vez mais pessoas descobrem o arroz, é imperativo que novas variedades de arroz acompanhem a procura de arroz com uma nutrição adequada. (Organização das Nações Unidas para a Alimentação e a Agricultura, 2004).

Zhang et al. (1999) relataram que cruzamentos dialelos completos com sete variedades de arroz de pericarpo preto foram conduzidos num ano para analisar os efeitos genéticos sobre os principais elementos minerais dos teores de Fe, Zn, Mn e P nos grãos dos pais e dos seus F1S e F2S, utilizando o modelo genético completo, incluindo endosperma triploide, efeitos citoplasmáticos e maternos sobre caraterísticas quantitativas de sementes em culturas de cereais. Os resultados indicaram que os conteúdos dos quatro elementos minerais foram controlados por efeitos genéticos diretos da semente, efeitos genéticos maternos e efeitos citoplasmáticos. Os efeitos genéticos diretos da semente foram mais importantes do que os efeitos genéticos maternos para os teores de Fe, Zn e Mn, e os efeitos aditivos diretos da semente constituíram a maior parte dos seus efeitos genéticos, ao passo que os efeitos aditivos diretos da semente, aditivos maternos e dominantes constituíram a parte principal da herança do teor de P.

A hereditariedade dos efeitos diretos das sementes para os teores dos 4 elementos minerais foram todos altamente significativos. Os valores estimados das heritabilidades estreitas dos efeitos genéticos diretos da semente foram elevados para os teores de Fe, Zn e Mn, enquanto os dos efeitos da semente e maternos foram intermédios para o teor de P. Por conseguinte, deve ser dada mais atenção à seleção de uma única planta e à seleção de um único grão com

base nos teores de elementos minerais das sementes da descendência híbrida.
Ichikawa et al. (2000). relataram que a atividade antioxidante foi estudada para as antocianinas extraídas do arroz preto púrpura (PBR) através de uma solução aquosa de ácido trifluoroacético (TFA) a 3%, bem como para as antocianinas extraídas do mirtilo (Bluetta, tipo arbusto alto). A eletroforese capilar de zona revelou que o extrato de PBR continha quase exclusivamente uma única antocianina, que foi identificada como cianidina 3-O-beta-D-glucósido (Cy3-Glc) após purificação por cromatografia em coluna de polivinilpirrolidona. Em contrapartida, foram identificadas 11 antocianinas no extrato de mirtilo. O extrato de PBR apresentou actividades de eliminação de superóxido e de branqueamento de crocina ligeiramente mais fracas do que o extrato de mirtilo. No entanto, os extractos de PBR e de mirtilo apresentaram uma atividade 10 a 25 vezes mais forte do que a mesma concentração de Trolox utilizada como antioxidante de referência.

Observou-se ainda que o Cy 3-Glc purificado do extrato de PBR retinha aproximadamente 74% da atividade antioxidante (branqueamento da crocina e eliminação de superóxidos) observada no extrato original de TFA. A atividade de eliminação do radical hidroxilo de ambos os extractos foi várias vezes mais fraca do que a da mesma concentração de Trolox, embora o extrato de PBR tenha apresentado uma atividade aproximadamente duas vezes mais forte do que o extrato de mirtilo. A atividade de eliminação do radical hidroxilo do Cy 3-Glc purificado da PBR, no entanto, diminuiu para aproximadamente 20% da do extrato original da PBR. Estes resultados indicam que a antocianina Cy 3-Glc contribui para a atividade antioxidante da PBR através da sua forte atividade de eliminação do radical superóxido, mas não do radical hidroxilo.

Itani et al. (2002) referiram que a distribuição dos constituintes químicos não é uniforme dentro de um grão de arroz. Para melhorar a qualidade alimentar do arroz ou para lhe dar algumas caraterísticas especiais através do ajuste da intensidade de moagem, investigámos a distribuição de amilose, azoto (N) e minerais específicos (P, K, Mg, Ca e Mn) em grãos de arroz de 11 cultivares com várias caraterísticas cultivadas em condições semelhantes. As distribuições destes constituintes foram determinadas utilizando amostras de farinha preparadas consecutivamente por moagem abrasiva das porções exteriores para as interiores do arroz descascado. Em todas as cultivares testadas, verificou-se que o N e os minerais eram mais abundantes na porção exterior do que na interior, mas a amilose era rica na porção interior. P, Mg, K e Mn eram extremamente ricos na parte externa, enquanto N e Ca eram apenas relativamente ricos. A Koshihikari, que é a cultivar mais popular no Japão devido à sua excelente qualidade alimentar, apresentou o rácio Mg/K mais elevado na porção mais externa do arroz polido.

A cor das amostras de farinha tornou-se branca pura a partir das porções exteriores em direção ao centro do grão, mesmo que a amostra fosse de arroz vermelho ou arroz preto púrpura, porque apenas a superfície do arroz descascado contém pigmentos. Estes resultados sugerem que a porção exterior contém vários compostos para além do amido e que a porção interior contém amido relativamente puro. A palatabilidade do arroz e outras caraterísticas podem ser melhoradas através do controlo do grau de moagem, utilizando a distribuição tendenciosa dos constituintes químicos dentro de um grão de arroz.

Frei e Becker (2004) referiram que o grão de arroz é constituído pelo endosperma rico em amido, pelo farelo, incluindo o embrião e as camadas exteriores do grão, e pela casca fibrosa não comestível. O endosperma, ou seja, a parte interna do grão, contém maioritariamente amido e cerca de 6 a 10% de proteínas. O farelo é mais diversificado na sua composição e contém proteínas, lípidos, fibras, vitaminas e minerais. As principais vitaminas presentes no farelo de arroz são a vitamina E (a-tocoferol) e as vitaminas B (tiamina, riboflavina e niacina). A fração mineral é composta principalmente por fósforo, potássio e magnésio.

Meng et al (2004) referiram que a deficiência de ferro é provavelmente a deficiência de micronutrientes mais comum nos seres humanos. Uma vez que o arroz é o principal alimento de base para mais de metade da população mundial, melhorar o teor e a biodisponibilidade de ferro no arroz é uma perspetiva e uma forma eficaz de aliviar ou mesmo resolver este problema. O presente documento avalia o teor de ferro em diferentes alimentos à base de cereais (arroz preto, arroz, arroz vermelho, arroz pegajoso e painço) e em diferentes sementes de arroz, bem como nos produtos de moagem, e a biodisponibilidade de ferro de diferentes formas. Os dados mostram que o teor de ferro no arroz preto é mais elevado do que nos outros tipos de arroz, e que na palha e na casca de arroz o teor é ainda bastante elevado. No entanto, o teor de ferro no arroz e no arroz fino, que constituem o principal alimento de base da população, é bastante baixo. Quanto à biodisponibilidade do ferro, é bastante baixa nos alimentos vegetais, quase ao nível de 10%. Foram aplicados vários métodos para melhorar o teor de ferro e a biodisponibilidade das sementes de arroz. Para além do melhoramento e da engenharia genética, têm sido frequentemente utilizadas abordagens bioquímicas e físicas como métodos prospectivos para regular o teor e a biodisponibilidade de ferro nos grãos de arroz.

Meng et al. (2005) referiram que a deficiência de ferro é provavelmente a deficiência de micronutrientes mais comum nos seres humanos. Uma vez que o arroz é o principal alimento de base para mais de metade da população mundial, melhorar o teor e a biodisponibilidade de ferro no arroz é uma perspetiva e uma forma eficaz de aliviar ou mesmo resolver este problema. O presente documento avalia o teor de ferro em diferentes alimentos à base de cereais (arroz preto, arroz, arroz vermelho, arroz pegajoso e painço) e em diferentes sementes de arroz, bem como nos produtos de moagem, e a biodisponibilidade de ferro de diferentes formas. Os dados mostram que o teor de ferro no arroz preto é mais elevado do que nos outros tipos de arroz, e que na palha e na casca de arroz o teor é ainda bastante elevado. No entanto, o teor de ferro no arroz e no arroz fino, que constituem o principal alimento de base da população, é bastante baixo. Quanto à biodisponibilidade do ferro, é bastante baixa nos alimentos vegetais, quase ao nível de 10%. Foram aplicados vários métodos para melhorar o teor de ferro e a biodisponibilidade das sementes de arroz. Para além do melhoramento e da engenharia genética, têm sido frequentemente utilizadas abordagens bioquímicas e físicas como métodos prospectivos para regular o teor e a biodisponibilidade de ferro nos grãos de arroz.

Nam et al. (2005). relataram que os extractos de etanol-água (70:30 v/v) de farelos de arroz retirados de sementes de duas cultivares de arroz integral com pigmentação púrpura-escura (Sanhaehyanghyulla e Suwon 415) e uma não pigmentada (Chuchung) foram avaliados quanto a actividades antioxidantes, anti-tumorais e anticarcinogénicas em ensaios químicos e em células de mamíferos (leucemia humana HL-60, linfoblastoide B de saguim B95-8 e células pulmonares de hamster chinês V79) através dos seguintes testes inibição da atividade da xantina oxidase, quelação de iões ferrosos; redução do ferricianeto de potássio; eliminação de aniões superóxidos, radicais hidroxilo e peróxidos intracelulares; inibição da mutagénese induzida pelo óxido de 4-nitroquinolina N; e inibição da promoção do tumor induzida pelo éster de forbol. Os extractos das sementes de arroz pigmentadas tiveram, em geral, actividades mais elevadas em todos os testes do que o extrato da variedade não pigmentada. Os resultados sugerem que os farelos de variedades de arroz pigmentado podem fornecer uma fonte de novos antioxidantes naturais e anticancerígenos e que essas cultivares de arroz com elevado potencial antioxidante também fornecem um recurso genético para o desenvolvimento de novas cultivares de arroz melhoradas que podem tornar possível aumentar o valor nutricional e médico das dietas à base de arroz.

Abdel-Aal et al. (2006). descobriram que os pigmentos de antocianina de uma grande variedade de trigo comestível e ornamental preto, azul, rosa, roxo, vermelho e branco, cevada, milho, arroz e arroz selvagem foram identificados e quantificados para avaliar o seu potencial como corantes naturais ou ingredientes alimentares funcionais. Os teores totais de antocianina variaram significativamente e apresentaram uma gama de 7-3276 *g/g*. Alguns grãos, como o arroz vermelho e o arroz preto, continham um número limitado de pigmentos, enquanto outros, como os grãos azuis, cor-de-rosa, roxos e vermelhos, tinham perfis complexos de antocianinas. Dos 42 compostos de antocianina observados, 9 foram caracterizados por comparação das propriedades espectroscópicas e cromatográficas com as de padrões autênticos. Os restantes compostos foram tentativamente identificados com base nas propriedades espectroscópicas e nos espectros de massa de ionização por electrospray. As antocianinas mais abundantes foram o 3-glucósido de cianidina nos arrozes preto e vermelho e nos milhos azul, roxo e vermelho, o 3-glucósido de pelargonidina no milho rosa e o 3-glucósido de delfinidina no trigo azul.

Furukawa et al. (2006) relataram que diferentes cores, como púrpura, castanho, vermelho e branco, ocorrem no pericarpo do arroz. Aqui, foram elucidados dois genes que afectam a síntese de proantocianidina no arroz de cor vermelha e castanha. A análise de segregação genética sugeriu que os loci Rd e A são idênticos, e ambos codificam a dihidroflavonol-4-redutase (DFR). A introdução do gene DFR num mutante Rcrd resultou num arroz de cor vermelha, que era castanho no mutante original, demonstrando que o locus Rd codifica a proteína DFR. Foi observada a acumulação de proantocianidinas nos transformantes através da introdução do gene Rd na linha Rcrd do arroz. A análise de blot de proteínas mostrou que o gene DFR foi traduzido em sementes com início de tradução alternativo. Foi efectuada uma pesquisa do gene Rc, que codifica um fator regulador de transação, utilizando marcadores de ADN disponíveis e o programa Rice Genome Automated Annotation System. Três genes candidatos foram identificados e clonados a partir de uma linha RcRd de arroz e subsequentemente introduzidos numa linha rcrd de arroz. Foram obtidas sementes de cor castanha a partir de plantas transgénicas através da introdução de um gene que contém o motivo bHLH (basic helix-loop-helix), demonstrando que o gene Rc codifica uma proteína bHLH. A comparação do locus Rc entre acessos de arroz mostrou que uma deleção de 14 pb ocorreu apenas no locus rc.

O IRRI (2006) informou que o arroz é a cultura cerealífera dominante em muitos países em desenvolvimento e é o alimento básico para mais de metade da população mundial. Atualmente, o arroz polido contém uma média de apenas 2 partes por milhão (ppm) de ferro (Fe) e 12 ppm de zinco (Zn). Em muitos países asiáticos, o arroz fornece 50 a 80% da energia consumida pelos pobres, mas não fornece micronutrientes essenciais suficientes para eliminar a "fome oculta", em particular a anemia por deficiência de ferro (AID) e a deficiência de zinco. Em muitos desses mesmos países asiáticos, a ADF afecta quase 60% da população. Devido ao elevado consumo per capita de arroz nestes países, a melhoria do seu valor nutritivo através do aumento dos níveis de ferro e zinco no grão pode ter resultados positivos significativos para a saúde de milhões de pessoas.

Xia et al.(2006) utilizaram LC-MS, o extrato rico em antocianinas do arroz preto foi identificado como contendo cianidina-3-glicosídeo e peonidina-3-glicosídeo. Os ratinhos deficientes em ApoEde (n % 30; 30 semanas de idade) foram divididos aleatoriamente em 3 grupos: um grupo de controlo (alimentado com a dieta AIN-93G), o grupo da sinvastina [simva; alimentado com a dieta AIN-93G contendo sinvastatina, 50 mg/(kg_d)], ou o grupo do extrato rico em antocianina [antho; alimentado com a dieta AIN-93G suplementada com extrato rico em anto de arroz preto, 300 mg/(kg_d)]. Após 20 semanas de intervenção, a área de placa que se desenvolveu na artéria braquiocefálica dos ratos do grupo antho era menor do que a dos ratos de controlo. Tanto o grupo antho como o grupo simva apresentaram frequências mais baixas do grande núcleo necrótico e da fina capa fibrosa nas placas do que o grupo de controlo. O conteúdo de colagénio aumentou e o conteúdo de metaloproteinase-1 da matriz foi reduzido na lesão braquiocefálica dos grupos antho e simva em comparação com o grupo de controlo. Além disso, os níveis de ARNm do fator tecidular e da óxido nítrico sintase induzível na aorta diminuíram nos grupos antho e simva. A suplementação com um extrato rico em antocianina melhorou o perfil lipídico, diminuindo os triglicéridos séricos, o colesterol total e o colesterol não HDL. Estes resultados sugerem que a ingestão crónica de um extrato rico em antocianina do arroz preto pode melhorar a estabilização da placa em ratinhos idosos com deficiência de apoE. O mecanismo subjacente está relacionado principalmente com a inibição de factores pró-inflamatórios e a melhoria do perfil lipídico sérico.

Parâmetros genéticos

Num estudo comparativo entre linhas de arroz (Oryza sativa L.) de criação convencional (CB) e de duplo haploide (DH), Durai et al. (2001) referiram que, em ambas as linhas, o coeficiente de variação fenotípica (PCV) era superior ao coeficiente de variação genética (GCV). Exceto para o peso de 100 grãos, as linhas CB registaram valores mais elevados de PCV e GCV do que as linhas DH. A magnitude do PCV e do GCV foi mais elevada para o número total de grãos por panícula e mais baixa para o peso de cem grãos. Foi registada uma maior hereditariedade em sentido lato para os dias até 50% de floração, número total de grãos por panícula, peso de cem grãos e rendimento por parcela nas linhas CB. Nas linhas DH, registou-se uma maior hereditariedade para o número total de grãos por panícula, a fertilidade das espiguetas, o peso de cem grãos e o rendimento por parcela.

El-Kady et al. (1990) obtiveram estimativas moderadas e baixas de hereditariedade, em sentido lato, para os dias para o abrolhamento e o comprimento do caule. Além disso, as estimativas de hereditariedade foram elevadas para o número de panículas por planta e o peso de mil grãos, e baixas para o rendimento de grãos por planta.

Reddy e Nerkar (1991) referiram que as estimativas de hereditariedade em sentido restrito eram elevadas para o número de perfilhos produtivos por planta e para o peso de mil grãos e moderadas para o rendimento de grãos.

Aidy et al. (1992) estudaram a variabilidade fenotípica e genotípica e a hereditariedade do rendimento e dos seus componentes em condições salinas. Verificaram que a variância fenotípica era nitidamente mais elevada do que a variância genotípica em relação a todos os caracteres estudados. Os valores dos coeficientes de variação genotípica e fenotípica foram elevados para o número de panículas por planta, o rendimento de grãos por planta e a percentagem de esterilidade, mas baixos para o comprimento da panícula e o peso da panícula. As estimativas de hereditariedade foram elevadas para o comprimento da panícula, percentagem de esterilidade, número de panículas por planta e rendimento de grãos por planta e moderadas para o peso da panícula e os restantes caracteres. O ganho esperado da seleção para estes caracteres foi baixo.

El-Hity e El-Keredy (1992) estudaram a variabilidade genética entre vinte e nove diferentes cultivares de arroz. Verificaram que o coeficiente de variabilidade fenotípica (C.V.P.) era superior ao genotípico (C.V.G.) em todos os caracteres estudados. O C.V.G. para o rendimento de grãos e seus componentes variou entre 6,14 e 22,02% durante as duas estações (1991-1992). Houve um V.C.G. relativamente alto para rendimento de grãos, dias para o espigamento, altura da planta, número de perfilhos produtivos/m2, e percentagem de esterilidade. As estimativas de hereditariedade em sentido lato foram em geral elevadas para todos os caracteres estudados e variaram entre 62,76 e 98,47%.

Kikuchi et al. (1992) estudaram a variação de alguns caracteres nas linhas A2 e F3 derivadas da AC, produzidas a partir de um cruzamento entre variedades de arroz de terras altas (Hokuriku 100) e de terras baixas (Rikuto Norin Mochi 4). Verificaram que as linhas A2 eram homogéneas em termos de caraterísticas qualitativas. As linhas homozigóticas dominantes e recessivas segregaram-se na proporção esperada de 1:1 nas linhas A2, enquanto as linhas F3 se ajustaram a uma proporção de 1:2:1. A variação dentro da linha em caraterísticas quantitativas como o comprimento do caule e os dias para o encabeçamento nas linhas A2 e F3 foi avaliada pelo coeficiente de variação, cujo valor foi muito mais baixo nas linhas A2 do que nas linhas F3 e foi comparável aos valores parentais. Os resultados indicaram que as linhas A2 eram quase homozigóticas.

A variação entre linhas nas três caraterísticas foi maior nas linhas A2 do que nas linhas F3.

Patil et al. (1993) estudaram a variabilidade genética e a hereditariedade em trinta e sete linhas promissoras de arroz de terras altas. Os resultados indicaram que o rendimento de grãos por metro quadrado, o rendimento de palha por metro quadrado, a altura da planta e o número de panículas por metro quadrado apresentaram um GCV elevado, enquanto se observou uma elevada hereditariedade para todos os caracteres estudados. A gama considerável de avanço genético foi exibida (8,96 a 73,60). No entanto, o rendimento de palha expressou o ganho genético máximo (73,83), seguido do rendimento de grãos (73,60) e do número de panículas por metro quadrado (19,68). Assim, sugere-se que estes caracteres podem ser de grande importância para a seleção de melhores genótipos no programa de melhoramento do arroz.

Chaubey e Singh (1994) avaliaram vinte variedades de arroz para oito caracteres de rendimento. As estimativas de hereditariedade em sentido restrito foram elevadas para todos os caracteres estudados e os valores mais elevados foram encontrados para o número de espiguetas por panícula, seguido do rendimento de grãos por planta e do peso de cem grãos.

Mruthunjaya e Mahadevappa (1995) estimaram a hereditariedade da produção e dos seus caracteres contribuintes em cento e dois genótipos de arroz. Segundo estes autores, foram obtidas estimativas de hereditariedade elevadas, associadas a um elevado avanço genético, para a altura das plantas. As estimativas de hereditariedade foram moderadas para o peso de mil grãos, comprimento da panícula e dias até à floração. O número de perfilhos produtivos e o rendimento de grãos registaram estimativas de baixa hereditariedade e baixo avanço genético.

Sawant e Patil (1995) estimaram a hereditariedade e a variância genética para oito componentes do rendimento de setenta e cinco genótipos de arroz e seus híbridos. Os genótipos revelaram uma ampla gama de variação para todos os caracteres medidos e coeficientes de variação elevados para o rendimento de grãos por planta e a altura da planta. Foram observados valores elevados de hereditariedade para a altura da planta, o rendimento de grãos/planta e o peso de mil grãos.

Babu (1996) estudou os parâmetros genéticos e as correlações do arroz em condições salinas. Segundo o autor, os coeficientes de variação genotípica e fenotípica foram elevados para o número de grãos não cheios, o número de grãos cheios, a matéria seca por planta e o rendimento de grãos por planta. Foram observadas estimativas de hereditariedade elevadas, juntamente com ganhos genéticos elevados, para a matéria seca por planta, o número de grãos cheios, o rendimento de grãos por planta e o número de perfilhos produtivos por planta.

Mandal et al. (2000) avaliaram cento e sessenta famílias de haplóides duplos de arroz Indica PTB28. Eles relataram que o coeficiente de variação (CV) foi menor para altura de planta (2,65%) e alto no caso de número de panículas por planta (24,59%) e número de perfilhos por planta (28,28%), enquanto foi máximo em relação à produtividade por planta (37,0%). O número de perfilhos e de panículas por planta registou uma redução máxima em comparação com o progenitor, no entanto, apresentou maiores variações nas linhas de duplo haploide (DH). Das 160 famílias DH, apenas 10 (6,3%) linhas produziram mais do que o progenitor.

El-Mowafi (2001) referiu que apenas o carácter número de dias até à floração apresentou um valor de hereditariedade elevado em sentido restrito. Por outro lado, a altura da planta, o rendimento de grãos por planta, o número de panículas por planta, o comprimento da panícula, o peso da panícula e a percentagem de fertilidade das espiguetas apresentaram valores de hereditariedade baixos.

Prasad et al. (2001) estudaram a variabilidade genética e os critérios de seleção de alguns caracteres que contribuem para a produção em oito genótipos de arroz fino. Os autores referiram que o peso de mil grãos, o número de perfilhos efectivos planta-1, o número de grãos férteis panícula-1 e o rendimento de grãos planta-1 apresentaram um elevado coeficiente de variação genotípica e uma elevada hereditariedade, juntamente com um elevado avanço genético em percentagem da média, o que indica a sua importância para a obtenção de ganhos genéticos através da seleção.

Rasheed et al. (2002) estudaram os parâmetros genéticos em quinze genótipos de arroz. Relataram que a variabilidade máxima foi registada na produção de grãos por planta, seguida de perfilhos produtivos por planta e número total de perfilhos por planta. Observou-se que o PCV era superior ao GCV para todas as caraterísticas. As estimativas de herdabilidade de sentido amplo foram altas para altura da planta, rendimento de grãos por planta e perfilhos produtivos por planta e variaram de 0,55 a 0,71. Já o número total de perfilhos por planta, a área da folha bandeira, o rendimento de palha por planta e o índice de colheita apresentaram herdabilidade moderada.

Habib et al. (2005) avaliaram a variabilidade genética e a associação genética para o rendimento de grãos e seus caracteres componentes em dez variedades de arroz. Eles relataram que todos os caracteres testados apresentaram variação significativa entre as variedades. A maior variabilidade genética foi obtida na área da folha bandeira e nos grãos cheios por panícula. Foi observada uma elevada hereditariedade associada a um elevado avanço genético em grãos cheios por panícula, peso de 1000 grãos, área da folha bandeira, índice de colheita e rendimento de grãos.

Girish et al. (2006) estimaram a variabilidade genética numa população F8 de arroz aeróbico de raça pura recombinante desenvolvida pelo método de descendência de semente única. Foram calculadas as estimativas da variância genotípica, da variância fenotípica, do coeficiente de variância genotípica (GCV), do coeficiente de variância fenotípica (PCV), da hereditariedade em sentido lato (H) e do avanço genético esperado (GA) para o rendimento de grãos e outros caracteres atribuíveis. Os autores referiram que, em todos os casos, o PCV foi superior ao GCV, indicando a influência do ambiente nos caracteres. Foi observada uma elevada hereditariedade associada a um elevado GA para o número de perfilhos, altura da planta, peso da palha, índice de colheita e rendimento de grãos planta-1 e, por conseguinte, ofereceu boas possibilidades de seleção.

Babar et al. (2007) estimaram os parâmetros genéticos para algumas caraterísticas da folha e da panícula que afectam o rendimento de grãos em noventa e três linhas duplamente haplóides de arroz (Oryza sativa L.). Verificaram que as medidas de variabilidade revelaram uma variação substancial entre as linhas duplamente haplóides para as caraterísticas estudadas. As estimativas dos coeficientes de variabilidade fenotípica e genotípica variaram de 0,04 a 8,47 e de 0,03 a 6,84, respetivamente. A variabilidade máxima foi observada para a produtividade de grãos por planta e a mínima para a largura da folha bandeira. Os coeficientes de variabilidade fenotípica foram, como esperado, maiores do que os respectivos coeficientes genotípicos. As estimativas de herdabilidade no sentido lato para a produção de grãos por planta, comprimento da folha bandeira, altura da planta e comprimento da panícula foram relativamente altas (0,74-0,82), mas as estimativas para as demais caraterísticas foram moderadas (0,63 a 0,71).

Karim et al. (2007) estudaram a variabilidade e a análise de parâmetros genéticos em quarenta e um genótipos de arroz aromático. Os resultados indicaram que o peso de mil grãos e os dias até à maturação apresentaram a menor diferença entre a variância fenotípica e genotípica, o que indica uma ação genética aditiva para a expressão dos caracteres. Considerando os parâmetros genéticos, observou-se um valor elevado do coeficiente de variação genotípica (GCV) para o peso de mil grãos, seguido da percentagem de esterilidade, do rendimento de grãos por colina e do número de grãos cheios por panícula, enquanto os dias até à maturidade apresentaram um GCV muito baixo. Foi observada uma elevada hereditariedade com um elevado avanço genético em percentagem da média (GA) para o peso de mil grãos, seguido da percentagem de esterilidade e do número de grãos cheios por panícula, o que indica que estes caracteres estão sob controlo genético aditivo e que a seleção para melhoramento pode ser eficaz. Os dias até à maturação apresentaram uma elevada hereditariedade mas um baixo avanço genético (GA) (%), o que indica que os efeitos de genes não aditivos estão envolvidos na expressão fenotípica deste carácter.

Okelola et al. (2007) estudaram os coeficientes de variação fenotípica e genotípica (PCV e GCV) e estimaram a hereditariedade de sentido lato (h2B) e o avanço genético (GA %) para onze caraterísticas de vigor das sementes e rendimento de sementes em vinte e quatro genótipos de arroz. Os resultados indicaram que o PCV foi geralmente mais elevado do que o GCV. O PCV variou entre 1,30 e 53,02 na primeira época e entre 2,23 e 38,22 na segunda época. O GCV variou de 1,30 a 53,02 na primeira época e de
1,82 a 35,75 na segunda época. A produtividade de sementes por planta apresentou altos valores de PCV e GCV em ambas as épocas. Na primeira época, as estimativas de herdabilidade de sentido amplo variaram de 30,01% a 99,73% e de 72,09% a 99,68% na segunda época. O avanço genético (AG) variou de 2,10% a 69,01% na primeira época e de 3,31% a 60,88 na segunda época. Nas duas épocas, a produtividade de sementes por planta combinou alta herdabilidade com alto avanço genético, enquanto o peso de cem sementes apresentou baixo avanço genético.

Coeficiente de correlação

Yolanda e Das (1995) utilizaram três linhas de arroz, 11 testadores e os seus 36 híbridos F1. Revelaram que o rendimento de grãos estava significativa e positivamente correlacionado com o comprimento da panícula, o número de espiguetas por panícula, o número de grãos por panícula e o peso de 100 grãos. O número de grãos por panícula foi o principal componente que afectou diretamente o rendimento.

Panwar et al. (1997) utilizaram 21 estirpes de arroz com diversidade genotípica para calcular os coeficientes de correlação entre caracteres que contribuem para a produção. O rendimento de grãos por planta apresentou uma correlação significativa e positiva a nível genotípico e fenotípico com o número de perfilhos efectivos por planta, o rendimento de grãos por panícula e o peso de 1000 grãos. Estes caracteres podem ser considerados para o melhoramento futuro do arroz.

Paul e Sarmah (1997) mostraram que o rendimento de grãos por planta estava positivamente correlacionado com o número de dias até 50% de encabeçamento, altura da planta e grãos cheios por panícula. No entanto, estava negativamente correlacionado com o número de grãos não cheios por panícula em 30 genótipos de arroz de terras altas.

Abd Allah (2000) detectou coeficientes de correlação positivos altamente significativos entre o rendimento de grãos por planta e o número de panículas por planta, o número de grãos cheios por panícula e o peso de 100 grãos no arroz. Por outro lado, o rendimento de grãos por planta foi significativa e negativamente correlacionado com a % de esterilidade.

Abo Youssef (2001) encontrou uma correlação altamente significativa e positiva entre a altura da planta e o comprimento da panícula. Foi obtida a mesma correlação entre o peso da panícula e o número de espiguetas/panícula e o número de grãos cheios/panícula.

Sivakumar et al. (2005) relataram que a maioria dos caracteres estudados (número de perfilhos por planta, comprimento da panícula, fertilidade do pólen, grãos por panícula e peso de 100 grãos) apresentou correlação positiva com o rendimento de grãos tanto a nível fenotípico como genotípico.

Utilização da cultura de anteras

Vantagens da cultura de anteras em relação à reprodução convencional:

Zhang (1982) referiu que a solução para a maioria dos problemas associados ao melhoramento do arroz é a técnica da cultura de anteras, que oferece grandes oportunidades para acelerar o progresso do melhoramento e gerar variação direta para aumentar a diversidade genética útil para o melhoramento do arroz.

Zhan et al. (1984) referiram a importância da cultura de anteras na sementeira do processo de melhoramento, plantas com caracteres agronómicos especiais como o desenvolvimento de precocidade, aumento do peso do grão, qualidade superior do grão e resistência a doenças.

Hu (1985) referiu que a cultura de anteras encurta o ciclo convencional em 3 a 4 gerações, o que permite obter uma vasta gama de variabilidade genética que resultou no lançamento de diversas variedades de arroz. Foi desenvolvido um grande número de variedades de arroz com caracteres fora do comum, que se estão a tornar populares na produção.

Chen (1986) referiu que a cultura de anteras tem sido amplamente integrada nos programas de melhoramento do arroz. Isto permite a produção rápida de linhas haplóides duplas homozigóticas a partir de híbridos F1 e a incorporação de novos genes em materiais de reprodução. Na China, um grande número de variedades de arroz foi desenvolvido através da cultura de anteras e libertado para cultivo em vários milhares de hectares.

Hu e yang (1986) referiram que o desenvolvimento de variedades de arroz melhoradas implica o cultivo de grandes populações F2 e a seleção de linhas desejáveis em gerações segregantes F2 - F7 para, em última análise, desenvolver linhas homozigóticas. A cultura de anteras brancas provou ser uma técnica útil para desenvolver essas linhas nas gerações imediatas. Assim, poupa recursos e encurta o tempo necessário para desenvolver novas variedades.

Morrison e Evans (1988) referiram que as linhas duplamente haplóides (DHL) em arroz produzidas a partir de cultura de micrósporos e cultura de anteras demonstraram ter um elevado potencial em termos de melhoramento genético, alargando a diversidade genética através da produção de linhas homozigóticas num curto espaço de tempo, em contraste com os numerosos ciclos de consanguinidade ou de retrocruzamento, como é convencionalmente utilizado no melhoramento de plantas.

Raina (1989) referiu que a técnica de cultura de anteras foi desenvolvida para acelerar a produção de novas variedades homozigóticas e obteve linhas homozigóticas duplicando o complemento cromossómico nestes haplóides sem consumir tempo nos programas de melhoramento.

Snape (1989) referiu um aumento da eficiência da seleção utilizando o melhoramento com duplo haploide, em comparação com as práticas convencionais, devido a um aumento da variância genética aditiva, à ausência de variação de dominância e de segregação dentro da família, e a uma diminuição dos efeitos ambientais através de maiores possibilidades de replicação. Assim, deverá ser mais fácil identificar genótipos superiores num cruzamento e produzir novas cultivares.

Gurdev et al. (1990) indicaram que a ciência do melhoramento vegetal consiste em duas fases: a fase evolutiva, que visa criar ou aumentar a variabilidade, e a fase de avaliação, que visa selecionar genótipos desejáveis a partir das populações variáveis. Os recentes avanços nos métodos de cultura de tecidos para o melhoramento de plantas deram aos melhoristas a oportunidade de criar uma vasta gama de variabilidade genética útil, aumentando a precisão e a eficiência da seleção dos genótipos desejados.

Zapata (1992) referiu que a cultura de anteras é um dos melhores métodos de melhoramento com numerosas vantagens: encurtamento do ciclo de melhoramento através da fixação imediata de homozigotos, aumento da eficiência da seleção, aumento da variabilidade genética através da produção de variantes gametoclonais e permitindo a expressão precoce de genes recessivos.

Khush e Senadhira (1994) relataram que a cultura de anteras encurta o ciclo de reprodução produzindo linhas homozigotas numa geração em vez de 8 a 10 gerações. Tradicionalmente, os obtentores estabelecem 3000 - 5000 plantas apenas na geração F2, com a cultura de anteras apenas são necessárias 60 - 70 plantas.

Dewey et al. (1996) referiram que as vantagens da cultura de anteras nos programas de melhoramento de arroz na Indonésia aumentaram a eficiência da seleção para caracteres desejáveis e também encurtaram a duração do ciclo de melhoramento, que é demasiado longo no melhoramento convencional.

Afza e al. (2000) utilizaram a produção de plantas duplamente haplóides para acelerar o ciclo de reprodução, alcançando a homozigotia na eficiência da seleção devido a uma melhor discriminação entre genótipos dentro de qualquer geração e à retenção eficiente de genes desejáveis nas gerações posteriores. A aceleração do ciclo de melhoramento e o aumento da eficiência da seleção tornaram as técnicas de duplo haploide muito atractivas, não só para o melhoramento convencional mas também para o melhoramento de plantas através da indução de mutações.

Chu et al. (2000) referiram que a cultura de anteras é rápida e eficiente para linhas de reprodução verdadeiras na geração imediata a partir de qualquer população segregante, produzindo um ciclo de reprodução mais curto em novas variedades.

Chen et al. (2001) referiram que a cultura de anteras é uma ferramenta valiosa no melhoramento de plantas e que oferece não só a via mais rápida para o avanço de linhas heterozigóticas para homozigóticas, mas também aumenta a eficiência da seleção em relação ao melhoramento convencional devido a uma melhor discriminação entre genótipos numa geração.

CIAT (2004) relatou que a cultura de anteras está a ser aplicada para acelerar o ritmo e reduzir o custo do melhoramento do arroz. Com este método, são desenvolvidas linhagens homozigóticas ou verdadeiras linhagens de reprodução a partir de populações segregantes, duplicando o cromossoma do pólen haploide e regenerando plantas duplamente haplóides, tudo num único ciclo de cultura de tecidos. Em contraste, com o método padrão de pedigree, são normalmente necessárias 6 gerações de autofecundação para produzir linhas de arroz completamente homozigóticas. Ao acelerar o desenvolvimento de populações reprodutoras, a cultura de anteras pode reduzir em vários anos o processo de aproximadamente 15 anos de desenvolvimento e lançamento de uma nova variedade comercial de arroz.

Draz (2004) utilizou a técnica da cultura de anteras e desenvolveu várias linhas como dadores para diferentes caraterísticas. Além disso, estas linhas de cultura de anteras selecionadas possuem um elevado potencial de rendimento, qualidade do grão, resistência à explosão e resistência à broca do caule.

Lapitan et al. (2004) encontraram 10 linhas duplamente haplóides (DHLs) de F1 - 506 um cruzamento entre C 4044 - 2B - 2 - 2 e IR 13540 - 56 - 3 - 2 - 1 e 3 linhas delas foram selecionadas pela sua aceitabilidade fenotípica, alto rendimento, avaliação da qualidade do grão e uniformidade.

Utilização da cultura de anteras (AC) para o melhoramento do arroz

Hu e Huang (1987) relataram que o primeiro passo consistia em aumentar a resposta das anteras (calos produtores de anteras) e a produção de anteras (número de calos derivados de micrósporos). O passo seguinte envolveu esforços para regenerar plantas a partir de um maior número de calos de micrósporos.

Draz et al. (1991) plaquearam cinco cruzamentos de arroz F1 criados para as condições egípcias em três meios de indução de calos e oito meios de regeneração de plantas. Os meios de indução de calos G1, FJ e L8 diferiam na sua composição basal, bem como nas concentrações hormonais. G1, FJ e L8 têm 0,75, 0,5, 2,0 mg de cinetina /litro; 2,05 e 0,5 mg de 2,4-D /litro e 2,5, 2,5 e 3,5 mg de NAA /L. A resposta de um genótipo cultivado in vitro depende em grande medida da composição do meio de cultura e o meio de indução de calos (FJ , L8) é diferente do meio de regeneração (MS).

Pande (1997) observou que o pré-tratamento a frio era essencial para a androgénese na cultura de anteras da cv. indica IR 43 a 10 °C durante 10 dias era o mais adequado e que um pré-tratamento superior a 11 dias resultava na produção de albinos.

Henry et al. (1994) referiram que existem vários factores de influência, tais como os genótipos dos explantes, as condições de crescimento das plantas dadoras, o estádio de desenvolvimento dos micrósporos, os pré-tratamentos, os métodos de cultura, os meios e as condições de cultura. Entre estes factores de influência, os genótipos do dador são o fator mais importante na cultura de anteras.

Guzman M., Zapata (2000) compararam a resposta da cultura de anteras para a variedade Taipei, utilizando anteras de plantas sachadas e não sachadas. As anteras foram colocadas em meio líquido N6 com 0, 2, 5 e 10 mg /l de ABA, respetivamente. Após 5 dias de cultura, os meios foram removidos e foi adicionado o meio N6 sem ABA. Foi observado um maior número de grãos de pólen P pré-mitóticos nas anteras das plantas sachadas. Foi encontrado um efeito sinérgico significativo entre anteras de plantas em soqueira.

Datta (2001) referiu que a aplicação de tensões variadas, como a temperatura, o pré-tratamento, o choque osmótico e a carência de açúcar, durante o período de desenvolvimento lábil dos grãos de pólen, é conhecida por ser promontória ou essencial para a indução da androgénese. Além disso, a duração e o momento de aplicação destes pré-tratamentos podem variar consoante a espécie e mesmo a variedade.

Ong et al. (2001) cultivaram anteras de plantas F1 derivadas de quatro cruzamentos de cultivares de arroz aromáticas e melhoradas em meios N6 e MS suplementados com 2,4-D (0,5 mg /L) + NAA (1,0 mg /L) + BAP (0,5 mg/L) para indução de calos. Os calos derivados da antera foram subsequentemente subcultivados em meios MS e N6 com BAP (1,0 mg/L) e NAA (1,0 mg/L) para regeneração de plantas. A frequência de formação de calos foi melhor no meio N6 do que no meio MS (11,9 % e 7,95 %), respetivamente. Sharmin et al. (2004) avaliaram a resposta de anteras de seis genótipos de arroz à indução de calos e à regeneração de plantas. Para a indução de calos, foi utilizado o meio Z2 suplementado com 2,4-D 0,5 mg/L, NAA 2,5 mg/L e Kinetin 0,5 mg/L. Dos seis genótipos, cinco deram uma boa resposta à formação de calos. A maior indução de calos foi observada no BRRI Dhan-29 (8,06%) e a menor no BR-10 (1,42%). A frequência de indução de calos variou de 1,42 - 8,06 % dependendo dos genótipos. O meio MS modificado suplementado com Kinetin 0.5 mg/L, BAP 2 mg/L e 0.1 mg/L foi usado para regeneração de plantas. Os resultados mostraram uma diferença genotípica significativa na indução de calos e na regeneração de plantas. A regeneração de plântulas a partir de calos derivados de anteras variou de 57 a 75 %.

Análise molecular

Repetições de sequência simples (SSRs)

IRRI (2001) identificou os principais genes e QTLs para caraterísticas de alto teor de Fe e Zn em arroz usando marcadores moleculares. Três QTLs para alta concentração de Fe no grão foram mapeados nos cromossomos 7, 8 e 9, explicando 30,3, 21,3 e 19,0% da variação. Um QTL importante associado a alta concentração de zinco no grão foi mapeado no cromossomo 5, flanqueado pelos marcadores OSR35 e RM207. Estes resultados são o ponto de partida para melhorar os teores de Fe e Zn no grão através do melhoramento molecular.

Garcia et al. (2009) relataram que os teores de Fe, Zn, Mn, Cu, Ca, Mg, P e K de 85 linhas de introgressão (ILs) derivadas de um cruzamento entre uma cultivar indica de elite Teqing e o arroz selvagem (Oryza rufipogon) foram medidos por espetrometria de plasma de árgon indutivamente acoplado (ICAP). Observou-se uma variação substancial em todas as caraterísticas e a maior parte dos elementos minerais estavam significativamente correlacionados de forma positiva ou independente, exceto o Fe e o Cu. Foi detectado um total de 31 putativos loci de caraterísticas quantitativas (QTLs) para estes oito elementos minerais através de uma análise de ponto único. O arroz selvagem (O. rufipogon) contribuiu com alelos favoráveis para a maioria dos QTLs (26 QTLs), e os cromossomas 1, 9 e 12 apresentaram 14 QTLs (45%) para estas caraterísticas. Um efeito importante do QTL para o teor de zinco, responsável pela maior proporção da variação fenotípica (11%-19%), foi detectado perto do marcador de repetições de sequência simples RM152 no cromossoma 8.

Quatro QTLs que explicam 5-11% da variação fenotípica para o teor de Mn foram encontrados nos cromossomas 1, 2, 3 e 10. Dois deles, localizados nos cromossomas 3 e 10, perto dos marcadores RM5488 e RM590, respetivamente, foram encontrados em ambos os anos com efeitos alélicos opostos. Em contraste, os QTLs localizados nos cromossomas 1 e 2 foram encontrados apenas durante um único ano e foram responsáveis por 11% e 5% da variação fenotípica para o teor de Mn, respetivamente. Os alelos derivados de O. rufipogon aumentaram o teor de Mn nestes loci. As co-localizações de QTLs para alguns elementos minerais observadas nesta população de mapeamento sugerem que a relação entre estas caraterísticas se situa a nível molecular e pode ser útil para o melhoramento simultâneo destas caraterísticas no grão de arroz através da seleção assistida por marcadores.

Zhang et al. (2004) relataram que a proporção de linha púrpura: linha não-púrpura (13:3) foi observada em seis populações F2 diferentes produzidas pelo cruzamento entre pais com linha púrpura e linha não-púrpura no coleóptilo. O retrocruzamento de XNA//XNA/ 21A150 (XNA, linha não púrpura e CMS, como progenitor recorrente) resultou numa relação de 1:1 (linha púrpura: linha não púrpura). A análise genética mostrou que a expressão da linha roxa do coleóptilo do arroz foi influenciada por dois genes, o gene inibidor I e o gene anti-inibidor Ai(t). O gene I inibe o gene P do sistema C_A_P_ e o Ai(t) inibe o gene /, respetivamente. Os pools de genes Ai(t) ai(t) e Ai(t) ai(t) foram construídos com BF1 de XNA//XNA/21A150. A análise SSR indicou que o gene Ai(t) estava ligado aos marcadores RM335, RM295, RM287 e RM21 e que a distância genética do Ai(t) a estes quatro marcadores era de 2,8 cM, 10,2 cM, 13,9 cM e 26,1 cM, respetivamente.

2.1.Materiais e métodos vegetais:

Este estudo foi realizado no Centro de Investigação e Formação em Arroz (RRTC), Quinta Experimental, Sakha, Kafr El-Sheikh, bem como no laboratório de biotecnologia. O arroz preto (Jiegnou 9601) e quatro variedades de arroz egípcio (Oryza sativa L.) foram utilizadas neste estudo, nomeadamente, (Giza 177, Sakha 101, Sakha 102 e Sakha 104, a caraterização destas variedades é apresentada no Quadro 1); foram semeadas na época de cultivo do arroz de 2005 na quinta experimental do RRTC. As plântulas com 30 dias de idade foram transplantadas para o campo experimental em cinco datas de sementeira com intervalos de 15 dias para sincronização da floração. O sistema de acasalamento linhagem x testador foi realizado para os cinco pais, os cruzamentos foram realizados entre eles como mostrado na Tabela (3).

No período de floração, o método de emasculação em massa foi aplicado de acordo com Butany (1961) usando água quente (42 - 44 C durante 10 min) das panículas emergidas para matar os grãos de pólen das plantas-mãe sem qualquer efeito prejudicial nos seus estigmas. As sementes híbridas foram colhidas separadamente para cada cruzamento e devidamente embaladas para serem semeadas na estação seguinte. As sementes F1 dos quatro cruzamentos resultantes foram cultivadas em estufa durante o inverno de 2005-2006 para produzir plantas F1. Em 2006, as DHLs que resultaram das plantas F1 foram semeadas com os seus progenitores num esquema de blocos completos aleatórios (RCBD) com três repetições. As mudas foram transplantadas para um espaçamento de 20 x 20 cm em linhas de 5 metros. Foram aplicadas as práticas de campo recomendadas, ou seja, nível normal de fertilizante (95,24 kg de N e 35,71 kg de P2O5/ ha) e tratamento inseticida com Furadan (carbofurano) 7,14 kg/ ha. Além disso, as ervas daninhas foram controladas quimicamente pela adição de uma dose de Sturn (tiobencarb) 4,76L/ ha após quatro dias do transplante e nenhum produto químico foi usado depois.

Tabela (1): Origem, pedigree e tipo para as variedades estudadas

NÃO	Pais	Origem	Pedigree	Tipo
1	Jiegnou 9601	IRRI	Linha chinesa	Japonica
2	Gizé 177	Egito	Giza171/Yomji N.º 1 // Pi N.º 4	Japónica
3	Sakha 101	Egito	Giza176/Milyang79	Japónica
4	Sakha 102	Egito	Giza 177/GZ 4096-7-1	Japónica
5	Sakha 104	Egito	GZ4096-8-1/GZ 4100-9-1	Japónica

2.2.Técnica de cultura de anteras:

As anteras das plantas F1 foram utilizadas para desenvolver as linhas duplamente haplóides (DHL), utilizando a técnica de cultura de anteras descrita por Abd El-Khalek (2001) da seguinte forma: Colecções de panículas: Na fase

de arranque, as botas das plantas F1 foram recolhidas quando a distância entre a aurícula da folha bandeira e a folha subjacente era de cerca de 5-9 cm. Os micrósporos nesta fase estão geralmente numa fase uninucleada a binucleada.
Pré-tratamento a frio: As panículas recolhidas foram embrulhadas em toalhas de papel humedecidas com água destilada e incubadas no escuro a 8°C durante 8 dias.
Esterilização: As panículas foram esterilizadas superficialmente com etanol a 70% durante 30 segundos, e depois lavadas com água destilada esterilizada. Em seguida, as panículas foram transferidas para uma solução de Clorox a 20% (hipoclorito de sódio a 5,25%), agitadas durante 20 minutos e lavadas três vezes com água destilada esterilizada.
Plantação de anteras em meio de indução de calos: A parte basal da espigueta foi cortada com uma tesoura esterilizada com chama e etanol. As anteras foram excisadas com pinças esterilizadas das espiguetas no meio das panículas. Para a indução de calos, cerca de 90 anteras foram inoculadas em placas de Petri (10 x 70mm) contendo seis ml de meio Fj (Gamborg, 1970) suplementado com 2,5 mg/l NAA, 0,5 mg/l 2,4- D, 0,5 mg/l cinetina, 30 g/l sacarose e 8 g/l ágar, o pH foi ajustado para 5,8 antes da autoclavagem Tabela(2). As placas foram seladas com parafilme e incubadas na escuridão a 25 ± 2° C. As anteras respondentes para a produção de calos foram observadas geralmente após 5-9 semanas.
Regeneração de plantas: Quando os calos se formaram e se desenvolveram até cerca de 2-3 mm de diâmetro, foram transferidos para placas de Petri contendo meio de regeneração MS (Murachige e Skoog 1962) suplementado com 2 mg/l de cinetina, 1 mg/l de NAA, 30 g/l de sacarose e 8 g/l de ágar e o pH foi ajustado para 5,8 antes da autoclavagem Tabela (2). As culturas foram mantidas na incubadora a 25 - 27° C e fotoperíodos de 16:8 luz/escuridão com uma intensidade luminosa de cerca de 2000 lux. Os rebentos formados foram transferidos para tubos contendo meio MS com hormonas livres para desenvolvimento posterior.
Tabela (2): Composição dos meios de base utilizados na cultura do arroz desde a indução de calos até à maturidade

Compostos	FJ (B5 modificado) (mg/l)	EM (mg/l)	Cultura Solução (mg/l)
(NH4)2SO4	220.00	-	-
NH4NO3	-	1650.00	45.0
KNO3	3150.00	1900.00	-
KH2PO4	540.00	170.00	20.30
K2SO4	-	-	36.00
MgSO4. 7H2O	185.00	370.00	160.00
CaCl2.2H2O	150.00	440.00	44.30
H3BO3	6.00	6.20	0.340

MnSO4. H2O	-		16.90	-
MnSO4. 4H2O		22.30	-	-
MnSO4. 7H2O		10.00	8.60	0.350
Kl		1.00	0.830	-
Na2MoO4.2H2O		0.250	0.250	-
CuSO4.5H2O		0.0250	0.025	0.310
CaCl2.6H2O		0.0250	0.025	-
FeSO2.7H2O		27.85	27.85	-
Na2 (EDTA)		37.25	37.25	-
MnCl2. 4H2O	-		-	15.00
(NH4) 6MoO4. 4H2O	-		-	0.740
FeCl3.6H2O	-		-	77.00
Ácido cítrico	-		-	119.00
Tiamina HCl	2		1.00	-
Piridoxina HCl	2		0.50	-
Ácido nicotínico	2		0.50	-
Glicina	2		2.00	-
NAA		2.5	1.00	-
2,4- D		0.5	-	-
Kinetina		0.5	2.00	-
Hidrolesato de caseína		500	500	-
Myo-Inositol		100	100	-
Sacarose		40000	30000	-
Ágar		8000	8000	-
pH		5.8	5.8	5.00

Para a adaptação, as raízes das plântulas verdes regeneradas foram lavadas com água da torneira para remover qualquer meio. Em seguida, as plântulas foram transferidas para a solução de cultura do quadro (2) durante duas semanas. Depois disso, as plântulas foram levadas para uma estufa climatizada e transferidas para vasos contendo musgo e argila na proporção de 2:1, onde cada rebento foi transferido para um vaso independente. No início da floração, as plantas foram ensacadas para evitar a polinização cruzada com outras plantas de arroz e manter a homozigotia das linhas. As sementes das plantas foram colhidas separadamente e cada planta foi considerada como linha duplamente haploide (DHL). Foram obtidas 66 linhas duplamente haplóides (DHL), como se mostra na Tabela 3, e preparadas para a multiplicação de sementes e estudos de avaliação.

Tabela (3): Cruzamentos e linhas duplas haplóides derivadas (DHLs) resultantes da utilização da técnica de cultura de anteras:

NÃO	Cruzes	Linhas duplamente haplóides	N.º de linhas 39
1	Arroz preto x Giza 177	DHL1-DHL39	
2	Arroz preto x Sakha 101	DHL40-DHL54	15
3	Arroz preto x Sakha 102	DHL55-DHL58	4
4	Arroz preto x Sakha 104	DHL59-DHL66	8
Total			66

2.3.Avaliação dos genótipos testados:

Na estação de crescimento de 2006, 71 genótipos, incluindo 66 linhas duplamente haplóides (DHL), cinco progenitores, incluindo o controlo do valor nutricional (arroz preto - linha Jiegnou 9601), foram cultivados e avaliados no campo de investigação do (RRTC). A lista dos parentais desses genótipos é apresentada no quadro 4.

Tabela (4): Lista de parentesco para os genótipos

Não.	Genótipos	Parentesco	Não.	Genótipos	Parentesco
1	Jiegnou 9601	Linha chinesa	37	DHL 32	Jiegnou9601 x Giza 177
2	Gizé 177	Giza171/Yomji N.º 1 // Pi N.º 4	38	DHL 33	Jiegnou9601 x Giza 177
3	Sakha 101	Giza176/Milyang79	39	DHL 34	Jiegnou9601 x Giza 177
4	Sakha 102	Giza 177/GZ 4096-7-1	40	DHL 35	Jiegnou9601 x Giza 177
5	Sakha 104	GZ4096-8-1/GZ 4100-9-1	41	DHL 36	Jiegnou9601 x Giza 177
6	DHL 1	Jiegnou9601 x Giza 177	42	DHL 37	Jiegnou9601 x Giza 177
7	DHL 2	Jiegnou9601 x Giza 177	43	DHL 38	Jiegnou9601 x Giza 177
8	DHL 3	Jiegnou9601 x Giza 177	44	DHL 39	Jiegnou9601 x Giza 177
9	DHL 4	Jiegnou9601 x Giza 177	45	DHL 40	Jiegnou9601 x Sakha 101
10	DHL 5	Jiegnou9601 x Giza 177	46	DHL 41	Jiegnou9601 x Sakha 101
11	DHL 6	Jiegnou9601 x Giza 177	47	DHL 42	Jiegnou9601 x Sakha 101
12	DHL 7	Jiegnou9601 x Giza 177	48	DHL 43	Jiegnou9601 x Sakha 101
13	DHL 8	Jiegnou9601 x Giza 177	49	DHL 44	Jiegnou9601 x Sakha 101
14	DHL 9	Jiegnou9601 x Giza 177	50	DHL 45	Jiegnou9601 x Sakha 101
15	DHL 10	Jiegnou9601 x Giza 177	51	DHL 46	Jiegnou9601 x Sakha 101
16	DHL 11	Jiegnou9601 x Giza 177	52	DHL 47	Jiegnou9601 x Sakha 101
17	DHL 12	Jiegnou9601 x Giza 177	53	DHL 48	Jiegnou9601 x Sakha 101
18	DHL 13	Jiegnou9601 x Giza 177	54	DHL 49	Jiegnou9601 x Sakha 101
19	DHL 14	Jiegnou9601 x Giza 177	55	DHL 50	Jiegnou9601 x Sakha 101
20	DHL 15	Jiegnou9601 x Giza 177	56	DHL 51	Jiegnou9601 x Sakha 101
21	DHL 16	Jiegnou9601 x Giza 177	57	DHL 52	Jiegnou9601 x Sakha 101
22	DHL 17	Jiegnou9601 x Giza 177	58	DHL 53	Jiegnou9601 x Sakha 101
23	DHL 18	Jiegnou9601 x Giza 177	59	DHL 54	Jiegnou9601 x Sakha 101
24	DHL 19	Jiegnou9601 x Giza 177	60	DHL 55	Jiegnou9601 x Sakha 102
25	DHL 20	Jiegnou9601 x Giza 177	61	DHL 56	Jiegnou9601 x Sakha 102
26	DHL 21	Jiegnou9601 x Giza 177	62	DHL 57	Jiegnou9601 x Sakha 102
27	DHL 22	Jiegnou9601 x Giza 177	63	DHL 58	Jiegnou9601 x Sakha 102
28	DHL 23	Jiegnou9601 x Giza 177	64	DHL 59	Jiegnou9601 x Sakha 104
29	DHL 24	Jiegnou9601 x Giza 177	65	DHL 60	Jiegnou9601 x Sakha 104
30	DHL 25	Jiegnou9601 x Giza 177	66	DHL 61	Jiegnou9601 x Sakha 104
31	DHL 26	Jiegnou9601 x Giza 177	67	DHL 62	Jiegnou9601 x Sakha 104
32	DHL 27	Jiegnou9601 x Giza 177	68	DHL 63	Jiegnou9601 x Sakha 104
33	DHL 28	Jiegnou9601 x Giza 177	69	DHL 64	Jiegnou9601 x Sakha 104
34	DHL 29	Jiegnou9601 x Giza 177	70	DHL 65	Jiegnou9601 x Sakha 104
35	DHL 30	Jiegnou9601 x Giza 177	71	DHL 66	Jiegnou9601 x Sakha 104
36	DHL 31	Jiegnou9601 x Giza 177			

2.4.Personagens estudados

2.4.1. Caracteres agronómicos e de rendimento:

1. Teor de clorofila total (TCC) (mg/ds2): o teor de clorofila total foi medido

utilizando um aparelho de análise de clorofila como quantidade de clorofila por decímetro quadrado (medidores de clorofila PAD-502 Minolta camera Co. Ltd., Japão).

2. Área da folha bandeira (FLA) (cm2): a área da folha bandeira foi estimada no estágio de floração usando a fórmula relatada por Yoshida et al (1976) como segue: Área foliar (cm2) = K x comprimento (cm) x largura (cm) onde K (0,75) é um fator de correção que pode ser usado para todos os estágios de crescimento, exceto os estágios de plântula e maturidade.

3. Número de dias para o endurecimento (DAH) (dias): Número de dias desde a data da sementeira até 50% das plantas apresentarem panículas completas e emergidas.

4. Altura da planta (PLH) (cm): Comprimento do caule principal medido desde a superfície do solo até à ponta da panícula.

5. Comprimento da panícula (PAL) (cm): Comprimento da panícula principal medido da base da panícula até à ponta da panícula.

2.4.2. Rendimento e seus componentes caracteres:

1. Número de perfilhos por planta: Contado como o número total de perfilhos por planta após a floração.
2. Número de panículas por planta: Contado como o número de panículas com perfilhos por planta na fase de maturidade.
3. Percentagem de fertilidade (%): expressa em grãos cheios e não cheios da panícula principal e estimada do seguinte modo

Percentagem de fertilidade %= Nº de grãos cheios/paniclex 100

N.º de grãos totais/panícula

4. Peso de 1000 grãos (g): peso de 1000 grãos cheios ao acaso por planta.
5. Rendimento de grãos planta-1 (gm): peso do rendimento de grãos de cada indivíduo

e depois ajustado para 14 % de humidade.

2.4.3. Caracteres de valor nutricional:

Em termos de composição mineral, o potássio (K) é o mineral mais abundante no arroz (arroz integral, integral parboilizado, branqueado e branqueado parboilizado), seguido do magnésio (Mg) e do cálcio (Ca). Entre os microelementos, destaca-se a presença de Cu, Fe, molibdénio (Mo), manganês (Mn), sódio (Na) e Zn no arroz. É geralmente aceite que, à medida que maiores quantidades de farelo de arroz são removidas do grão durante a moagem e o polimento, mais vitaminas e minerais são perdidos. O arroz branqueado apresenta um teor significativamente mais baixo de K, Mg, Mn, Na e Zn do que o arroz integral, mas o processo de branqueamento parece ter pouca influência nos teores de Ca, Co, Cu e Fe. O padrão de distribuição dos iões metálicos no grão de arroz ainda não é claramente conhecido. Alguns autores salientam que os microelementos (Cu, Fe, Mn e Zn) são susceptíveis de serem distribuídos uniformemente no grão, enquanto os macroelementos (fósforo (P), K, Ca e Mg) parecem estar presentes principalmente nas camadas externas do grão (aleurona e pericarpo). Mas a investigação demonstrou que as concentrações de alguns elementos são altamente afectadas pelo processo de moagem - por exemplo, o teor de Fe diminui com a moagem, o que sugere que grande parte do Fe se encontra nas camadas exteriores do grão. Os efeitos do processamento do grão de arroz no que respeita aos níveis de minerais no produto comestível (isto é, arroz branqueado e parboilizado) estão ainda a ser avaliados.

Teor de Zn, Fe e Mn:

As amostras de plantas foram secas a 70 C durante 24 horas, 0,5 gramas de peso dessas amostras secas no forno foram digeridas por oxidação húmida de acordo com os métodos descritos por Chapman e Pratt (1961), antes da análise química como : O Zn, o Fe e o Mn foram determinados por adsorção atómica, tal como descrito por Jackson (1967).

2.5.Análise estatística

2.5.1. Análise de variância:

Os dados de todas as experiências foram submetidos a uma análise estatística adequada da variância do Randomized Complete Block Design (RCBD), de acordo com Snedecor e Cochran (1967). A forma da análise de variância e os quadrados médios esperados são apresentados na Tabela (5).

Tabela (4): Fonte de variação, graus de liberdade e os quadrados médios esperados de cada genótipo:

S. O. V	d. f	M. S	SGA
Réplicas (r)	r - 1		$\sigma 2e + g\sigma 2r$
Genótipos (g)	g - 1	M1	$\sigma 2e + r\sigma 2g$
Erro	(r- 1) (g- 1)	M2	$\sigma 2e$

Onde: r número de réplicas.

g número de genótipos.

o2e = variância do erro

o2g = variância genotípica

2.5.2. Estimativa das variâncias das componentes:

Foi utilizada a análise de variância do delineamento de blocos completos aleatórios (RCBD) para estimar a variância genotípica (o2g), a variância fenotípica (o2ph), o coeficiente de variação genética (GCV %) e o coeficiente de variação fenotípica (PCV %), de acordo com a fórmula sugerida por Burton (1952), como se segue: **Variância genética** $(GV) = (M1 - M2)/ r = (\sigma^2_g)$

Variância fenotípica $(PV) = (\sigma^2_g) + M2 = (\sigma^2_{ph})$

Coeficiente de variação genética $(GCV\ \%) = \frac{\sqrt{GV}}{X} x100$

Coeficiente de variação fenotípica $(PCV\ \%) = \frac{\sqrt{PV}}{X} x100$

A hereditariedade em sentido lato: foi estimada como o rácio percentual entre a variância genética e a variância fenotípica **(Hansen *et al*, 1956).**

Hereditariedade($(h^2) = \frac{GV}{PV} x100$

Avanço genético $(GA) = k\ x \sqrt{\sigma^2_{ph}}\ x$ Hereditariedade

Em que **k = 2,06**

As diferenças entre as médias dos genótipos foram determinadas utilizando o valor da diferença mínima de significância (L.S.D) a 0,05 níveis de probabilidade de acordo com a seguinte equação, que foi sugerida por Steel e Torrie (1960).

$$L.S.D. = t \sqrt{\frac{2MSe}{r}}$$

Onde:

t = Valor t tabelado ao nível de probabilidade especificado para o erro experimental e os graus de liberdade dados.

MSe = a média dos quadrados do erro experimental, e

r = Número de repetições

2.5.3. Estimativa da correlação fenotípica:

Os coeficientes de correlação fenotípica (rp) entre todos os pares possíveis dos caracteres foram estimados por meio da aplicação da fórmula utilizada por Gomez e Gomez (1984), conforme segue:

$$rb = \sqrt{\frac{SS\ xy}{SSx\ .\ SSy}} = \sqrt{\frac{\sum(x-x)\ .\ (y-y)}{\sum(x-x)\ 2\ .\ \sum(y-y)\ 2}}$$

Onde:

rb = coeficiente de correlação fenotípica

x = a primeira variável

y = a segunda variável

SS xy = covariância de xy

SSx = soma dos quadrados de x

SSy = soma dos quadrados de y

A significância dos coeficientes de correlação foi testada utilizando a seguinte fórmula, de acordo com Gomez e Gomez (1984):

$$t = r\frac{N-2}{1-r2}$$

2.6.Análise molecular

2.6.1. Isolamento e quantificação do ADN:

O ADN dos genótipos testados foi isolado utilizando o método CTAB (brometo de cetiltetrametilamónio) (Murray e Thompson, 1980) da seguinte forma:

Reagentes:

1. 1 M Tris-HCl (pH 8,0): 121 g de base Tris-HCl foram dissolvidos em 800 ml de água destilada e o pH foi ajustado para 8,0 utilizando HCl concentrado, o volume foi aumentado para 1000 ml e a solução foi autoclavada.
2. EDTA 0,5 M (pH 8,0): 186 g de sal dissódico de EDTA foram dissolvidos em 800 ml de água bidestilada (ADW) e o pH foi ajustado para 8,0 utilizando pastilhas de NaOH, o volume foi aumentado para 1000 ml e a solução foi autoclavada.
3. NaCl 5 M: 292,2 g de NaCl foram dissolvidos em 800 ml de água destilada e o volume foi ajustado para 1000 ml e esterilizado por autoclave.
4. Tampão de extração de ADN (100 ml):

1 M Tris-HCl (pH 8,0)	**10,0 ml**	**100 mM**
EDTA 0,5 M (pH 8,0)	**4,0 ml**	**20 mM**
5 M NaCl	**28,0 ml**	**1,4 mM**
CTAB	**2 g**	**2 %**
2-β-mercaptoetanol	**200 µl**	**0.2 %**

O volume foi ajustado para 100 ml utilizando d.D.W.

5. Clorofórmio : Álcool isoamílico: Preparado de fresco como 24:1 v/v
6. O tampão Tris-EDTA 10:1 (TE):Tris (10 mM) : EDTA (1mM) foi preparado em

100 ml da seguinte forma:

1 M Tris-HCl (pH 8,0)	1,0 ml
EDTA 0,5 M (pH 8,0)	0,2 ml
Autoclavado d.D.W.	98.8 ml

7. Solução-mãe de EtBr: Preparar uma concentração de 10 mg/ml dissolvendo 1 g de brometo de etídio em 100 ml de H2O, agitando durante várias horas; armazenar num frasco escuro à temperatura ambiente.
8. 50 x tampão TAE: 242 g de base Tris, 57,1 ml de ácido acético glacial e 100 ml de EDTA 0,5 M (ph 8,0) dissolvidos em 800 ml de água destilada e o volume completado para 1000 ml.

Para o isolamento do ADN, cem mg de folhas frescas de plântulas foram homogeneizadas num pilão e almofariz refrigerados, utilizando azoto líquido.

Foram adicionados 700 il de tampão de extração CTAB 2X e bem homogeneizados. As amostras foram transferidas para tubos Eppendorf e incubadas a 65 °C durante 30-60 minutos, com agitação ocasional. Foram adicionados 700 ml de clorofórmio e álcool isoamílico (24:1) e misturados invertendo o tubo várias vezes. A amostra foi centrifugada a 15000 rpm durante 15 minutos a 4°C. O aquoso foi transferido para um novo tubo de centrifugação com pontas de diâmetro largo para evitar o corte do ADN. Em seguida, foi adicionado 0,6 volume de isopropanol refrigerado, seguido de uma inversão rápida e suave e incubado a -20°C durante 30 minutos. O sedimento de ADN foi precipitado a 10000 rpm durante 10 minutos a 4 °C. O sedimento foi lavado três vezes com etanol a 70 %, bem seco e dissolvido em 100 ml de TE. O ADN foi quantificado utilizando o método de quantificação em gel, no qual as amostras foram carregadas em gel de agarose a 0,8 % em tampão TAE 0,5 X e utilizando ADN genómico diluído X não cortado como padrão. Após várias diluições, a concentração de ADN atingiu cerca de 15 ng/ il, o que é adequado para a reação de PCR.

2.6.2. Protocolo SSR:

Nesta parte, foram utilizados quatro iniciadores de repetições de sequências simples (SSRs), os marcadores RM590, RM152, OSR35 (RM 153) e RM295. As sequências dos iniciadores foram descarregadas diretamente do sítio Web (www.gramene.org), como se segue:

PrimárioSequência direta Sequência inversa

Primer	Forward sequence	Reverse sequence
RM 590	CATCTCCGCTCTCCATGC	GGAGTTGGGGTCTTGTTCG
RM 152	GAAACCACCACACCTCACCG	CCGTAGACCTTCTTGAAGTAG
OSR 35	GCCTCGAGCATCATCATCAG	ATCAACCTGCACTTGCCTGG
RM 295	CGAGACGAGCATCGGATAAG	GATCTGGTGGAGGGGAGG

As reacções de PCR foram realizadas num volume de 10 pl contendo:

ADN genómico (15 ng/ pl)	**1.00 µl**
H2O	**4,74 µl**
10 X tampão PCR (10 Mm Tris, pH 8, 50 mM KCl e 50 mM sulfato de amónio)	**1,00 µl**
MgCl2 (25 mM)	**0.80 µl**
dNTPs (1mM)	**0,40 1 µl**
Taq DNA polimerase (5 U/pl)	**0.06 µl**
Primário SSR direto (30 ng/ pl)	**1.0 µl**
Primer SSR inverso (30 ng/ pl)	**1.0 1 µl**
Total	**10.0 µl**

utilizando o seguinte perfil: amplificação inicial a 94°C durante 5 min, 35 ciclos de amplificação com os seguintes parâmetros: desnaturação do molde a 94°C durante 1 min, recozimento do iniciador a 55°C durante 1 min e extensão do iniciador a 72°C durante 2 min. No final do 35.º ciclo, foi efectuada uma extensão final a 72°C durante 7 min, seguida de armazenamento a 4°C para sempre. Foram utilizados termocicladores de PCR dos sistemas Biometra e Applied Bio.

2.6.3. Eletroforese, coloração e análise:

Os fragmentos de ADN amplificados foram carregados num gel de agarose a 1,5 % contendo prometo de etídio (2 Ц1/100 ml). O TAE 0,5X foi usado como tampão de corrida e escadas de DNA de 100 bp (0,5 pg / pl, fermentas) como marcador de peso molecular. A eletroforese foi efectuada a 70 Volts, 50 mA durante 3 horas. Em seguida, os géis foram fotografados e analisados com o software BioDoc Analysis (Biometra, Alemanha).

Os resultados e a discussão do presente estudo serão divididos em duas partes: 1) avaliação de campo, que inclui os parâmetros fenotípicos e a estimativa dos parâmetros genéticos dos genótipos: 2) Técnica de seleção assistida por marcadores (Simple Sequence Repeats).

3.1. Avaliação no terreno:

Cinco pais, incluindo 2 controlos e 66 linhas duplo-haplóides e duas variedades de controlo Jeignou 9601 (arroz preto) e Giza 177 como variedades de valor nutricional foram avaliadas em condições normais no RRTC em Sakha, Kafr El-Sheikh, durante a época de 2005.

3.1.1. Desempenho médio: Caracteres agronómicos:

Os quadrados médios e os desempenhos médios dos caracteres agronómicos são apresentados no **Quadro (6)** e no **Quadro (7)**, respetivamente. A análise de variância revelou que as diferenças genotípicas entre os genótipos para todos os caracteres foram altamente significativas (a = 0,01), pelo que estes genótipos são altamente diversificados quanto ao seu desempenho e a seleção pode ser efectuada para vários caracteres.

Para o conteúdo de clorofila, a Tabela (7) mostrou que, entre os pais,
O Jiegnou 9601 registou o valor médio mais elevado (52,4 mg/ds^2), enquanto o progenitor Sakha 102 registou o valor médio mais baixo (44,6 mg/ds^2). Entre as linhas duplamente haplóides, a DHL 45 registou o valor médio mais elevado (54 mg/ds^2), resultante do cruzamento (Jiegnou 9607 x Sakha 101). Seguiu-se a DHL 35, que registou (50,7 mg/ds^2), resultante do cruzamento (Jiegnou 9601 x Giza 177). Por outro lado, o DHL 51, obtido do cruzamento (Jiegnou 9601 x Sakha 101), revelou o valor médio mais baixo (40,8 mg/ds^2).

Relativamente à área da folha bandeira, a variedade de controlo Jiegnou 9601 apresentou o valor médio mais elevado para a área da folha bandeira (51,7 cm^2), enquanto a variedade-mãe Giza 177 revelou o valor médio mais baixo (28,3 cm^2). No caso das linhas duplamente haplóides, a DHL66, resultante do cruzamento (Jiegnou 9601 x Sakha 104), registou o valor médio mais elevado (47,7 cm^2), seguida da DHL 52, que registou (47,2 cm^2), resultante do cruzamento (Jiegnou 9601 x Sakha 101). Enquanto a DHL 10 apresentou o valor médio mais baixo (22,5 cm^2), resultante do cruzamento (Jiegnou 9601 x Giza 177).

Relativamente aos dias para a floração, a variedade de controlo, Giza 177, registou o período mais curto para 50% de floração (92 dias), enquanto Sakha 101 registou o período mais elevado para 50% de floração (106,7 dias). Para as linhas duplamente haplóides, a DHL 66 registou o período mais longo até 50% de floração (103 dias), resultante do cruzamento (Jiegnou 9601 x Sakha 104) e a DHL 53 revelou o período mais curto até 50% de floração

(84,3 dias) que resultou do cruzamento (Jiegnou 9601 x Sakha 101).

Tabela (6) Estimativas do quadrado médio para caracteres agronómicos

Fonte de variação (S.O.V	Teor de clorofila	Área da folha bandeira (cm)^2	Dias até 50% de rubrica	Altura da planta (cm)	Comprimento da panícula (cm)
Replicação	48.938	29.93	3.695	12.22	0.627
Genótipos	21.989 *†	140.44**	58.504**	669.70**	21.901**
Erro	4.930	11.22	2.381	10.22	1.497
Meios	47.20	36.14	93.29	89.87	17.889
LSD 0,05	3.584	5.408	2.491	5.161	1.9750

Não.	Genótipos	Cruzes	Chlo. Conteúdo	Folha de bandeira área	Dias para Título	Planta altura	Panícula comprimento
1	Jiegnou 9601	P1	52.4	51.7	84.7	87.5	15.2
2	Gizé 177	P2	45.5	28.3	92	97	19.4
3	Sakha 101	P3	47.4	35.2	106.7	99	22.4
4	Sakha 102	P4	44.6	33.7	94	106	21.2
5	Sakha 104	P5	46.6	29.3	95	104	22
6	DHL 1	P1 x P2	44.1	32.7	95	80.4	14.3
7	DHL 2	P1 x P2	47.4	30.2	96.7	75.7	14.2
8	DHL 3	P1 x P2	47.6	31.8	96	76.5	14.5
9	DHL 4	P1 x P2	45.4	28.7	94	76.6	14.4
10	DHL 5	P1 x P2	44.1	32.1	98	73.9	14.5
11	DHL 6	P1 x P2	48.3	34.7	97.7	74.8	14.5
12	DHL 7	P1 x P2	44.8	28.1	96.7	77.1	15
13	DHL 8	P1 x P2	43.2	30.2	96.8	74.8	15.4
14	DHL 9	P1 x P2	46.4	28.5	96	76.8	15
15	DHL 10	P1 x P2	46.4	22.5	91	73.2	13.8
16	DHL 11	P1 x P2	46.2	27.5	91.3	74.2	16.2
17	DHL 12	P1 x P2	46.3	29	90.7	72.2	13.3
18	DHL 13	P1 x P2	48.3	34.8	92.3	73.1	14.6
19	DHL 14	P1 x P2	46.1	29.9	95.3	70.9	14.2
20	DHL 15	P1 x P2	47.8	27.5	88.7	73	14.5
21	DHL 16	P1 x P2	46.9	25.5	98.3	72.4	14.2
22	DHL 17	P1 x P2	45.3	33.7	89	88.8	19.9
23	DHL 18	P1 x P2	49.1	40.9	89.3	94.1	17.8
24	DHL 19	P1 x P2	45.6	37.8	89.3	91	20.2
25	DHL 20	P1 x P2	47	25.1	89	72.7	18.2
26	DHL 21	P1 x P2	45.6	34.1	91.7	80.4	14.5
27	DHL 22	P1 x P2	45.8	40.4	91	100.6	18.1
28	DHL 23	P1 x P2	45.7	38.9	90.7	102.9	18
29	DHL 24	P1 x P2	45.1	36.9	91.7	101.1	19.3
30	DHL 25	P1 x P2	50.1	38.7	91	105.6	17.8

* Significativo ao nível de 0,05
† Significativo ao nível de 0,01

31	DHL 26	P1 x P2	46	45.1	90.7	101.3	17.6
32	DHL 27	P1 x P2	45.5	42.6	91	99.9	18.3
33	DHL 28	P1 x P2	48.2	42.8	89	98.6	18.4
34	DHL 29	P1 x P2	49.9	36.1	84.7	89.4	16.7
35	DHL 30	P1 x P2	47.2	33.2	88.7	78	16.1
36	DHL 31	P1 x P2	47.3	45.7	90.7	103.4	18.9
37	DHL 32	P1 x P2	48.8	41.9	92	102.1	17.7
38	DHL 33	P1 x P2	45.8	40.4	92	99.6	17.8
39	DHL 34	P1 x P2	48	38.3	92.7	99.3	17.3
40	DHL 35	P1 x P2	50.7	39.8	91.3	90.6	17.4
41	DHL 36	P1 x P2	46.5	38.7	94.7	98.5	17.6
42	DHL 37	P1 x P2	48.2	36.5	89	98.6	18.4
43	DHL 38	P1 x P2	47.3	41.1	93.3	103.1	17.6
44	DHL 39	P1 x P2	45.3	37.4	91.3	96	18.2
45	DHL 40	P1 x P3	53.3	24.1	94.7	80	17.7
46	DHL 41	P1 x P3	47.8	47	87.3	85.2	20.4
47	DHL 42	P1 x P3	48.7	33.5	87.7	84	18.7
48	DHL 43	P1 x P3	49.7	46.9	99	92.2	21.1
Meios			47.20	36.14	93.29	89.87	17.889
LSD 0,05			3.584	5.408	2.491	5.161	1.9750

Tabela (7) Continuação ....

Não.	Genótipos	Cruzes	Chlo.C	Bandeira	Dias	P. H.	Pa. L.
49	DHL 44	P1 x P3	50.3	29.1	92.7	84.3	18
50	DHL 45	P1 x P3	54	27.9	92.7	80.8	17.3
51	DHL 46	P1 x P3	52.1	33.5	93.3	81.5	17.7
52	DHL 47	P1 x P3	53.2	27.4	92.3	80.2	17.8
53	DHL 48	P1 x P3	51.4	29.1	95.7	77.8	17.3
54	DHL 49	P1 x P3	52.3	33.7	92.7	84.4	17
55	DHL 50	P1 x P3	49.5	31.7	94.7	81.5	17.2
56	DHL 51	P1 x P3	40.8	40.9	100.7	90.4	23.6
57	DHL 52	P1 x P3	49.4	47.2	84.7	78.8	19.4
58	DHL 53	P1 x P3	47.2	38.9	84.3	78	18.7
59	DHL 54	P1 x P3	43.1	37.7	98.7	91.2	20.4
60	DHL 55	P1 x P4	47.1	33.3	88	70	15.7
61	DHL 56	P1 x P4	47.7	31.6	91	72	15.6
62	DHL 57	P1 x P4	47.6	35.3	95.3	67	15.2
63	DHL 58	P1 x P4	42.7	47.5	97.3	94.5	24
64	DHL 59	P1 x P5	42.4	37.6	97.7	119.1	21.5
65	DHL 60	P1 x P5	48.7	44.1	102.6	86.8	19.1
66	DHL 61	P1 x P5	42.9	45	96.7	121.7	22.3
67	DHL 62	P1 x P5	48.8	47	98	95.8	18
68	DHL 63	P1 x P5	45.5	42.5	97.3	122.2	24
69	DHL 64	P1 x P5	44.8	43.6	96.3	122	22.4
70	DHL 65	P1 x P5	44.5	44.8	98.7	126.3	21.3
71	DHL 66	P1 x P5	47.7	47.7	103	129.8	22.7
Meios			47.20	36.14	93.29	89.87	17.889

LSD 0,05	3.584	5.408	2.491	5.161	1.9750

No caso da altura da **planta**, entre os progenitores, Jiegnou 9601 foi o progenitor mais baixo para a altura da planta (87,5 cm), enquanto Sakha 102 foi o progenitor mais alto para esta caraterística com um valor médio de (106 cm). Entre as linhas duplamente haplóides, o valor médio mais elevado foi registado para DHL 66 (129,8 cm), seguido de DHL 25 (105,6 cm), estas duas linhas foram obtidas do cruzamento (Jiegnou 9601 x Sakha 104) e (Jiegnou 9601 x Giza 177), respetivamente. Enquanto que a altura de planta mais baixa foi registada para a DHL 57, com um valor médio de 67 cm, seguida pela DHL 14 (70,9 cm), que resultou do cruzamento (Jiegnou 9601 x Sakha 102) e (Jiegnou 9601 x Giza 177), respetivamente.

Relativamente ao comprimento da panícula, o quadro **(7)** indica que a panícula mais comprida foi observada na variedade Sakha 101 (22,4 cm), enquanto a Jiegnou 9601 revelou o comprimento de panícula mais curto (15,2 cm). Entre as linhas duplamente haplóides, a DHL 63 apresentou o maior comprimento médio de panícula (24 cm), que fora do cruzamento (Jiegnou 9601 x Sakha 104) seguido por DHL 51 (23,6 cm) que resultou do cruzamento (Jiegnou 9601 x Sakha 101). Enquanto a DHL 12 revelou o comprimento de panícula mais curto (13,3 cm) resultante do cruzamento (Jiegnou 9601 x Giza 177).

3.1.2. Rendimento e caracteres que o compõem:

Os quadrados médios e os desempenhos médios do rendimento e dos seus caracteres componentes para os genótipos estudados são apresentados no Quadro **(8)** e no Quadro **(9)**, respetivamente. Foram obtidas variações significativas elevadas, conforme revelado pela análise de variância.

Para o número de perfilhos por planta, os dados na **tabela (9)** mostraram que, a variedade Sakha 102 registrou o maior valor médio para o número de perfilhos produtivos por planta (25), enquanto a variedade de controle Jiegnou 9601 registrou o menor número de perfilhos por planta (16,7). Entre as linhas duplamente haplóides, a DHL 30 apresentou o valor médio mais elevado de (25,7) resultante do cruzamento (Jiegnou 9601 x Giza 177), seguida pela DHL 51 que registou (23,3) resultante do cruzamento (Jiegnou 9601x Sakha 101). Por outro lado, o DHL 11 registou o valor médio mais baixo de perfilhos (11,7) resultante do cruzamento (Jiegnou 9601 x Giza 177).

Em relação ao número de panículas, os dados mostraram que a variedade Sakha 102 registou o valor médio mais elevado para o número de panículas por planta (24,7), enquanto a variedade de controlo Jiegnou 9601 registou o valor médio mais baixo para o número de panículas por planta (16,3). No que respeita às linhas duplamente haplóides, as DHL 19 e 51 obtiveram o valor médio mais elevado (22,7, 22), resultantes do cruzamento (Jiegnou 9601x Giza 177) e (Jiegnou 9601x Sakha 101), respetivamente. Por outro lado, o DHL 11 revelou o valor médio mais baixo para o número de panículas por planta (10,7) resultante do cruzamento (Jiegnou 9601x Giza 177).

Tabela (8): Estimativas do quadrado médio para os caracteres de rendimento e seus componentes

Variação de origem S.O.V	N.º de Lavradores	N.º de panículas	Fertilidade %	Peso de 1000 grãos (gm)	Rendimento de grãos / planta (gm)
Replicação	180.46	139.24	10.870	2.751	2.303
Genótipos	29.12**	26.31**	14.444**	11.623**	316.905**
Erro	11.36	11.49	2.078	2.826	6.473
Meios	18.50	17.47	90.742	30.90	40.67
LSD 0,05	5.440	5.472	2.3268	2.714	4.107

* Significativo ao nível de 0,05, ** Significativo ao nível de 0,01

No.	Genótipos	Cruzes	N.º de Lavradores	N.º de Panículas	Fertilidade %	1000 grãos Peso g	Rendimento de grãos / Planta g
1	Jiegnou 9601	P1	16.7	16.3	90.2	28.8	27.7
2	Gizé 177	P2	23.3	23	95.5	30.9	43.8
3	Sakha 101	P3	25	24	96.4	32	54.6
4	Sakha 102	P4	25	24.7	94.6	29.9	46.5
5	Sakha 104	P5	23.7	23	94.8	30.4	47.2
6	DHL 1	P1 x P2	15.3	14.7	91.6	31.6	44.8
7	DHL 2	P1 x P2	19.3	17.3	93.4	31.3	35.4
8	DHL 3	P1 x P2	18	16.7	94.9	33	39.1
9	DHL 4	P1 x P2	20	18.7	90.9	32.4	22.5
10	DHL 5	P1 x P2	15	14	92.4	32.5	30.9
11	DHL 6	P1 x P2	15.7	15	92.1	33.1	33.1
12	DHL 7	P1 x P2	14.7	14	93.1	31.2	28.3
13	DHL 8	P1 x P2	16.7	15.7	93.3	31.4	35.7
14	DHL 9	P1 x P2	19.3	18.7	94	31.1	37.7
15	DHL 10	P1 x P2	18	16.7	93	32.5	22
16	DHL 11	P1 x P2	11.7	10.7	91.9	31.3	34.4
17	DHL 12	P1 x P2	18	16.3	91.3	29	26.7
18	DHL 13	P1 x P2	21	19.3	89.8	31.8	46.3

19	**DHL 14**	**P1 x P2**	**19.3**	**19**	**90.9**	**32.5**	**25.7**
20	**DHL 15**	**P1 x P2**	**18**	**17.3**	**92.3**	**27.2**	**40.4**
21	**DHL 16**	**P1 x P2**	**20**	**18.7**	**93.2**	**32.3**	**32.4**
22	**DHL 17**	**P1 x P2**	**19**	**18**	**92.6**	**33**	**35.9**
23	**DHL 18**	**P1 x P2**	**19.3**	**18.3**	**90.5**	**33.2**	**26.6**
24	**DHL 19**	**P1 x P2**	**23.3**	**22.7**	**92.4**	**30.9**	**26.1**
25	**DHL 20**	**P1 x P2**	**17.7**	**16.7**	**89.2**	**29.8**	**30.6**
26	**DHL 21**	**P1 x P2**	**17**	**17**	**91.8**	**31.3**	**27.9**
27	**DHL 22**	**P1 x P2**	**20.7**	**18.3**	**88.6**	**32.7**	**43.9**
28	**DHL 23**	**P1 x P2**	**19**	**18**	**89.9**	**32.3**	**40.5**
29	**DHL 24**	**P1 x P2**	**18**	**17**	**93.1**	**32.7**	**40.2**
30	**DHL 25**	**P1 x P2**	**15**	**13.3**	**87.3**	**32.2**	**41.3**
31	**DHL 26**	**P1 x P2**	**16.7**	**15.7**	**86.9**	**32.4**	**54.9**
32	**DHL 27**	**P1 x P2**	**20.7**	**19.3**	**89.1**	**31.5**	**54.8**
33	**DHL 28**	**P1 x P2**	**22.3**	**21.3**	**91.5**	**32.6**	**38.6**
34	**DHL 29**	**P1 x P2**	**22**	**20.7**	**89.3**	**26.1**	**39.5**
	DHL 30	**P1 x P2**	**25.7**	**21**	**92.2**	**30.9**	**53.9**
	DHL 31	**P1 x P2**	**21.3**	**19.3**	**90.3**	**32.2**	**54.6**
	DHL 32	**P1 x P2**	**23**	**21.3**	**92.3**	**32.5**	**57.9**
	DHL 33	**P1 x P2**	**16.7**	**16**	**89.8**	**31.8**	**46**
	DHL 34	**P1 x P2**	**19**	**16.3**	**89.2**	**32.6**	**56.7**
	DHL 35	**P1 x P2**	**19.7**	**19**	**90.3**	**29.3**	**21.3**
	DHL 36	**P1 x P2**	**19**	**18.3**	**88.4**	**34.3**	**54.1**
	DHL 37	**P1 x P2**	**16.3**	**15.3**	**87.4**	**31.6**	**49.5**
	DHL 38	**P1 x P2**	**18.3**	**17**	**91**	**32.5**	**42.8**
	DHL 39	**P1 x P2**	**23**	**21.7**	**92.8**	**30.7**	**54.3**
	DHL 40	**P1 x P3**	**15.3**	**14.3**	**89.9**	**30.1**	**52.7**
	DHL 41	**P1 x P3**	**13**	**12.7**	**89.3**	**31.6**	**46.3**
	DHL 42	**P1 x P3**	**12**	**11.7**	**88.4**	**31.6**	**35.8**
	DHL 43	**P1 x P3**	**14.7**	**14.3**	**87.1**	**30.6**	**38.4**

Não.	Genótipos	Cruzes	N.º de lagarta	N.º de Panícula	Fertilidade %	Peso de 1000 grãos g	Rendimento de grãos / planta g
49	DHL 44	P1 x P3	16.7	15.7	87.3	29.3	47.6
50	DHL 45	P1 x P3	19.7	19	88.2	30.2	47.1
51	DHL 46	P1 x P3	18	17	89.9	30.7	35.1
52	DHL 47	P1 x P3	18	16.7	92.2	28	35.8
53	DHL 48	P1 x P3	19.3	18.7	90.3	29.9	33.3
54	DHL 49	P1 x P3	20	19	90.9	29.2	34.7
55	DHL 50	P1 x P3	18	17.7	89.5	30.2	56.5
56	DHL 51	P1 x P3	23.3	22	90.7	24.8	45.5
57	DHL 52	P1 x P3	13	11.7	91.2	31.9	35.8
58	DHL 53	P1 x P3	19.7	13.3	88.9	33.4	42.3
59	DHL 54	P1 x P3	21	20	89.6	32.1	23
60	DHL 55	P1 x P4	18	17.7	90.3	27.8	34.5
61	DHL 56	P1 x P4	20.7	19.3	92	26.6	33.3
62	DHL 57	P1 x P4	17.3	16.3	91.1	27.6	30.1
63	DHL 58	P1 x P4	16.7	16	86.8	29.2	45.7
64	DHL 59	P1 x P5	15.3	15	87.2	31.9	55.6
65	DHL 60	P1 x P5	13.3	12.7	90.1	31.5	36.9
66	DHL 61	P1 x P5	15.7	15	89.4	28.7	55.1
67	DHL 62	P1 x P5	19	18	87.3	25.4	29.6
68	DHL 63	P1 x P5	19	18	88.9	32.2	51.1
69	DHL 64	P1 x P5	18	17	91.1	29.6	55.2
70	DHL 65	P1 x P5	19.3	19	91	33.1	47.8
71	DHL 66	P1 x P5	18.3	17	89	31.2	55.1

No caso da % de fertilidade, o quadro **(9)** mostra que a variedade Sakha 101 registou o valor médio de fertilidade mais elevado (96,4%), enquanto o controlo Jiegnou 9601 registou o valor médio de fertilidade mais baixo (90,2%). Entre as linhas duplamente haplóides, a DHL 3 registou o valor médio mais elevado de fertilidade (94,9%), resultante do cruzamento Jiegnou 9601* Giza 177), seguida da DHL 47, que registou um valor médio de fertilidade (92,2%), resultante do cruzamento (Jiegnou 9601* Sakha 101). Enquanto o DHL 26 revelou o valor médio mais baixo (86,9%) de fertilidade.

No que respeita ao peso de mil grãos, os dados do quadro **9** indicam que a variedade Sakha 101 registou o valor médio mais elevado (32 gramas), enquanto a variedade de controlo Giza 177 registou o valor médio mais baixo (30,4 gramas). Entre as linhas duplamente haplóides, a DHL 36 registou o valor médio mais elevado (34,3 gramas). Esta linha foi obtida a partir do cruzamento (Jiegnou 9601* Giza 177). Enquanto a DHL 29 registou o valor médio mais baixo de (26,1 gramas), resultante do cruzamento (Jiegnou 9601 * Giza 177).

Para o rendimento de grãos por planta, a Tabela **(9)** indica que o valor médio mais alto para o rendimento de grãos por planta foi obtido pela Sakha 101 (54,6 gramas), enquanto o valor médio mais baixo foi obtido pela variedade de controlo Jiegnou 9601 (27,7 gramas). Entre as linhas duplamente haplóides, a DHL 32 derivada do cruzamento (Jiegnou 9601 x Giza 177) foi a melhor linha com o valor médio mais elevado de (57,9 gramas). Seguida da DHL 50, proveniente do cruzamento (Jiegnou 9601 x Sakha 101), com valor médio de (56,5 gramas). Por outro lado, o valor médio mais baixo (21,3 gramas) foi obtido na linha DHL 35 resultante do cruzamento (Jiegnou 9601x Giza 177).

3.1.3. Caracteres de valor nutricional:

Os quadrados médios e os desempenhos médios dos caracteres de valor nutricional para os genótipos estudados são apresentados no Quadro **(10)** e no Quadro **(11)**, respetivamente. A análise de variância do quadro **(10)** revelou que as diferenças genotípicas entre os genótipos para todos os caracteres, estes genótipos são altamente diversificados para os seus caracteres de valor nutricional e a seleção pode ser realizada para vários caracteres.

Para a concentração de Mn no arroz integral, os dados da Tabela **(11)** mostraram que o controle Jiegnou 9601 foi o melhor valor médio de Mn (43,5 ppm), enquanto a variedade Sakha 101 revelou o menor valor médio de Mn (36,7 ppm). Entre as linhas duplamente haplóides, a DHL 29 foi o valor médio mais elevado de Mn (50,3 ppm) resultante do cruzamento (Jiegnou 9601x Giza 177). Enquanto a DHL 11 revelou o menor valor médio de Mn (25,3 ppm) resultante do cruzamento (Jiegnou9601 x Giza 177).

Tabela (10): Estimativas do quadrado médio para os caracteres de valor nutricional

Fonte de variação S.O.V	Mn/Castanho arroz (ppm)	Mn /Triturado arroz (ppm)	Zn/ Brwon arroz (ppm)	Zn /Triturado arroz (ppm)	Fe/Castanho arroz (ppm)	Fe/Roz branqueado (ppm)
Replicação	0.846	14.886	6.695	50.992	294.3	223.6
Genótipos	96.947**	57.392**	430.581**	144.511**	70505.2**	41423.6**
Erro	1.330	2.173	2.494	2.119	305.2	338.7
Meios	36.094	29.49	50.10	32.564	396.5	282.9
LSD 0,05	1.8617	2.379	2.550	2.3501	28.20	29.71

* Significativo ao nível de 0,05, ** Significativo ao nível de 0,01

Tabela (11): Desempenho médio dos caracteres nutricionais nos genótipos de arroz estudados

Não.	Genótipos	Cruzes	Mn Bro.rice	Mn Moinho de arroz	Zn Bro.rice	Zn Moinho de arroz	Fe Bro.rice	Fe Moinho de arroz
1	Jiegnou 9601	P1	43.5	42.9	67.4	52.5	479	341
2	Gizé 177	P2	39.6	37.5	45.3	33.6	695	546
3	Sakha 101	P3	36.7	35.9	31.2	28.6	258	187

4	Sakha 102	P4	39.8	27.2	35.6	30.1	367	215
5	Sakha 104	P5	38.6	28.6	26.5	23.8	228	199
6	DHL 1	P1 x P2	38.5	35.7	52.4	43.5	653	415
7	DHL 2	P1 x P2	34.8	31.7	39.5	34.6	295	178
8	DHL 3	P1 x P2	35.8	33.8	36.2	30.5	230	195
9	DHL 4	P1 x P2	37.9	33.3	33.1	27.4	249	222
10	DHL 5	P1 x P2	32.4	31.4	40.1	28.7	264	138
11	DHL 6	P1 x P2	32.9	32	36.5	32.3	215	198
12	DHL 7	P1 x P2	29.5	28.6	62.3	27.7	342	325
13	DHL 8	P1 x P2	34.8	33.3	42.5	27.9	329	167
14	DHL 9	P1 x P2	32.7	32	31.9	29.4	285	176
15	DHL 10	P1 x P2	35.7	31.6	65	32.2	525	331
16	DHL 11	P1 x P2	25.3	24.9	63	26.9	555	416
17	DHL 12	P1 x P2	31.9	30.5	62.2	44.1	255	170
18	DHL 13	P1 x P2	33.5	30.9	73.2	50.3	357	303
19	DHL 14	P1 x P2	29.3	22.1	51.3	40.3	377	304
20	DHL 15	P1 x P2	30.4	27	43.5	33.1	288	177
21	DHL 16	P1 x P2	32.7	29.3	67.1	31	540	301
22	DHL 17	P1 x P2	34.3	22.6	71.3	40.3	236	207
23	DHL 18	P1 x P2	35.7	25.4	61	36.5	538	320
24	DHL 19	P1 x P2	33.8	33.3	66.7	31.7	479	339
25	DHL 20	P1 x P2	46.5	23.8	42.7	25.3	512	270
26	DHL 21	P1 x P2	35.4	34.3	50.2	26.6	570	199
27	DHL 22	P1 x P2	32.4	30.3	55.8	35.4	522	171
28	DHL 23	P1 x P2	40.1	24.6	55.7	44.1	365	180
29	DHL 24	P1 x P2	31.5	19.4	33.4	27.3	715	547
30	DHL 25	P1 x P2	40.1	29.6	35.4	29.4	458	409
31	DHL 26	P1 x P2	42.3	32.3	53	32.4	334	192
32	DHL 27	P1 x P2	39	26.6	44.3	25.3	333	297
33	DHL 28	P1 x P2	31.8	28.5	51.1	28.2	291	202
34	DHL 29	P1 x P2	50.3	32.7	64.4	33.9	470	315
35	DHL 30	P1 x P2	31.9	28.3	35.4	28.2	814	665
36	DHL 31	P1 x P2	41.1	29.1	64	28.5	518	482
37	DHL 32	P1 x P2	25.5	24	63.2	27.7	345	205
38	DHL 33	P1 x P2	33.6	25.6	39.8	33.2	436	366
39	DHL 34	P1 x P2	30.5	25.6	33.8	24.8	284	194
40	DHL 35	P1 x P2	43.9	34.2	44.5	24	268	166
41	DHL 36	P1 x P2	33.4	23.5	41.8	28.7	736	471
42	DHL 37	P1 x P2	29.4	28.3	45.3	40	730	501
43	DHL 38	P1 x P2	30.3	27.1	68.7	33.1	277	189
44	DHL 39	P1 x P2	31.7	29.9	52.5	23.7	378	261
45	DHL 40	P1 x P3	31.6	24.4	51.8	42.5	276	196
46	DHL 41	P1 x P3	31.6	30.6	68.1	43.9	259	201
47	DHL 42	P1 x P3	26.8	24	56.3	42.9	755	521
48	DHL 43	P1 x P3	36.2	31.4	36.8	23.7	417	330

Bro. Arroz : Arroz integral - Mill. Arroz : Arroz branqueado

Tabela (10) Continuação ....

Não.	Genótipos	Cruzes	Mn Irmão.	Mn Moinho.	Zn Bro.	Moinho de Zn.	Fe Bro.	Moinho de Fe.
49	DHL 44	P1 x P3	33.4	25.6	62.5	30.7	332	240
50	DHL 45	P1 x P3	31.1	27.2	47.4	30.6	254	187
51	DHL 46	P1 x P3	43.4	28.6	63	31.9	511	317
52	DHL 47	P1 x P3	40.4	32.4	63.2	32.7	429	195
53	DHL 48	P1 x P3	41.3	24.3	38.8	26.5	407	291
54	DHL 49	P1 x P3	35.4	32.3	57.7	35.5	681	510
55	DHL 50	P1 x P3	42.4	34	38.8	24.4	274	189
56	DHL 51	P1 x P3	48.7	34.7	38.9	29.9	196	191
57	DHL 52	P1 x P3	29.7	28	55.4	41.1	408	386
58	DHL 53	P1 x P3	44.1	29.5	62.4	53.2	428	401
59	DHL 54	P1 x P3	25.6	21.6	62.3	37.4	405	260
60	DHL 55	P1 x P4	45.2	37.9	58.5	34.4	436	336
61	DHL 56	P1 x P4	48.5	29.6	48.8	35.5	449	433
62	DHL 57	P1 x P4	45.5	33.6	46.4	34.3	366	276
63	DHL 58	P1 x P4	36.3	30.5	55.3	33.9	248	179
64	DHL 59	P1 x P5	40.3	24.5	44.9	31.2	268	260
65	DHL 60	P1 x P5	39.9	30.6	48.4	33.9	230	217
66	DHL 61	P1 x P5	35.1	25.3	46.1	33.3	235	217
67	DHL 62	P1 x P5	37.1	36.3	36.7	21.5	209	133
68	DHL 63	P1 x P5	38.3	31	45.4	24.9	354	163
69	DHL 64	P1 x P5	37.9	24	39	25.2	242	193
70	DHL 65	P1 x P5	36	30.6	33.6	26.9	337	295
71	DHL 66	P1 x P5	33	31.5	42.5	33	349	317

Bro. Arroz : Arroz integral - Mill. Arroz : Arroz branqueado

Relativamente à concentração de Mn no arroz branqueado, a variedade de controlo Jiegnou 9601 foi o melhor valor médio de concentração de Mn (42,9 ppm), enquanto a variedade Sakha 102 foi o valor médio mais baixo de concentração de Mn (27,2 ppm). Entre as linhas duplamente haplóides, a DHL 1 obteve o valor médio mais elevado de concentração de Mn (38,5 ppm), enquanto a DHL 24 revelou o valor médio mais baixo de concentração de Mn (19,4 ppm). Estas duas DHLs resultaram do cruzamento (Jiegnou 9601* Giza 177).

No caso da concentração de Zn no arroz integral, os dados da Tabela **(11)** mostram que a variedade de controlo Jiegnou 9601 foi o valor médio mais elevado de concentração de Zn (67,4 ppm), enquanto a variedade Sakha 104 foi o valor médio mais baixo de concentração de Zn (26,5 ppm). Entre as linhas duplamente haplóides, DHL 13 e 41 obtiveram valores médios elevados de Zn conc. (73,2, 68,1 ppm), respetivamente. A DHL 13 derivou do cruzamento (Jiegnou 9601* Giza 177) e a DHL 41 resultou do cruzamento (Jiegnou 9601* Sakha 101). O valor médio mais baixo foi obtido pela DHL 24 (31,9 ppm), proveniente do cruzamento (Jiegnou 9601* Giza 177).

No que diz respeito à concentração de Zn no arroz branqueado, a variedade de controlo Jiegnou 9601 registou o valor médio mais elevado (52,5 ppm), enquanto a variedade Sakha 104 revelou o valor médio mais baixo de concentração de Zn (23,8 ppm). Entre as linhas duplamente haplóides, a DHL 13 registou o valor médio mais elevado de concentração de Zn (50,3 ppm), resultante do cruzamento (Jiegnou 9601* Giza 177), enquanto a DHL 62 revelou o valor médio mais baixo de concentração de Zn (21,5 ppm), resultante do cruzamento (Jiegnou 9601* Sakha 104).

Relativamente à concentração de Fe no arroz integral, a variedade de controlo Giza 177 foi a melhor e apresentou o valor médio mais elevado de Fe conc. (695 ppm), enquanto a variedade Sakha 101 revelou o valor médio mais baixo de Fe conc. (258 ppm). Entre as linhas duplamente haplóides, a DHL 30 registou o valor médio mais elevado de Fe conc. (814 ppm) resultante do cruzamento (Jiegnou 9601* Giza 177), seguida da DHL 42 com valor médio de Fe conc. (755 ppm) resultante de (Jiegnou 9601* Sakha 101). Por outro lado, a DHL 51 apresentou o valor médio mais baixo da concentração de Fe (196 ppm), resultante do cruzamento (Jiegnou 9601* Sakha 101).

Relativamente à concentração de Fe no arroz branqueado, o controlo Giza 177 registou o valor médio mais elevado de Fe conc. (546 ppm), enquanto a variedade Sakha 101 apresentou o valor médio mais baixo de Fe conc. (187 ppm). Entre as linhas duplamente haplóides, a DHL 30 registou o valor médio mais elevado de Fe conc. (665 ppm) resultante de (Jiegnou 9601* Giza 177), seguida da DHL 42 com valor médio de Fe conc. (521 ppm) derivado de (Jiegnou 9601* Sakha 101). Enquanto que a DHL 62 revelou o valor médio mais baixo da concentração de Fe (133 ppm), que resultou de (Jiegnou 9601* Sakha 104).

3.2. Caracteres de qualidade do grão:

Foram obtidas variações altamente significativas, conforme revelado pela análise de variância Tabela **(12)** e o desempenho médio dos caracteres de qualidade do grão nos genótipos de arroz estudados está listado na Tabela **(13)**.

Relativamente à % de descasque, o quadro **(13)** mostra que a variedade Sakha 102 foi a melhor em termos de descasque, com um valor médio (81,5%), e a variedade de controlo Jiegnou 9601 foi a que registou o valor médio mais baixo nesta caraterística (72,4%). Entre as linhas duplamente haplóides, a DHL 23 registou o valor médio mais elevado da caraterística de descasque (94,6%) resultante do cruzamento (Jiegnou 9601‡ Giza 177), seguida da DHL 46 que

‡ Significativo ao nível de 0,05

registou (81,5%) de valor médio e esta linha derivou de (Jiegnou 9601* Sakha 101). Enquanto que a DHL 42 revelou o valor médio mais baixo da caraterística (54,3%) a partir do cruzamento (Jiegnou 9601* Sakha 101).

Relativamente à % de moagem, a variedade de controlo Giza 177 registou o valor médio mais elevado do traço de moagem (80,9%), enquanto o controlo Jiegnou 9601 revelou o valor médio mais baixo do traço (71,2%). Entre as linhas duplamente haplóides, a DHL 23 registou o valor médio mais elevado da caraterística de moagem (94,2%) resultante de (Jiegnou 9601* Giza 177), seguida da DHL 46 com valor médio (80,6%) derivado de (Jiegnou 9601* Sakha 101). Por outro lado, o valor médio mais baixo desta caraterística foi obtido pela DHL 42 (54%), proveniente de (Jiegnou 9601* Sakha 101).

Tabela (12): Estimativas de quadrados médios para caracteres de qualidade de grãos

	Casca %	Fresagem
Replicação	**0.23455**	**0.4221**
Genótipos	**66.584§**	**65.4115***
Erro	**0.09784**	**0.5799**
Meios	**76.672**	**76.459**
LSD0.05	0.5049	1.2292

Tabela (13): Desempenho médio dos caracteres de qualidade de grãos nos genótipos de arroz estudados

Não.	Genótipos	Cruzes	Casca %	% de moagem
1	Jiegnou 9601	P1	72.4	71.2
2	Gizé 177	P2	81.4	80.9
3	Sakha 101	P3	78.4	78.2
4	Sakha 102	P4	81.5	80.5
5	Sakha 104	P5	79.3	79.2
6	DHL 1	P1 x P2	78.1	81.1
7	DHL 2	P1 x P2	77.8	77.4
8	DHL 3	P1 x P2	75.5	75
9	DHL 4	P1 x P2	75.4	75.2
10	DHL 5	P1 x P2	76.7	76.3
11	DHL 6	P1 x P2	76.3	76
12	DHL 7	P1 x P2	74.2	74
13	DHL 8	P1 x P2	80.9	80.5
14	DHL 9	P1 x P2	76.4	76
15	DHL 10	P1 x P2	78.4	78.1
16	DHL 11	P1 x P2	81.3	80.7
17	DHL 12	P1 x P2	75.8	75
18	DHL 13	P1 x P2	79.1	79
19	DHL 14	P1 x P2	81.5	81

§ Significativo ao nível de 0,01

20	DHL 15	P1 x P2	81.2	80.4
21	DHL 16	P1 x P2	75.4	72.2
22	DHL 17	P1 x P2	78.8	78.2
23	DHL 18	P1 x P2	77.2	77.1
24	DHL 19	P1 x P2	78.4	78.2
25	DHL 20	P1 x P2	76.5	75.8
26	DHL 21	P1 x P2	78.3	78.1
27	DHL 22	P1 x P2	75.1	75
28	DHL 23	P1 x P2	94.6	94.2
29	DHL 24	P1 x P2	73.7	73.4
30	DHL 25	P1 x P2	77.4	77.2
31	DHL 26	P1 x P2	77.2	76.9
32	DHL 27	P1 x P2	78.1	78
33	DHL 28	P1 x P2	79.4	79.1
34	DHL 29	P1 x P2	75.7	75.4
35	DHL 30	P1 x P2	79.1	78.8
36	DHL 31	P1 x P2	79.3	79.1
37	DHL 32	P1 x P2	79.4	79
38	DHL 33	P1 x P2	79.5	78.9
39	DHL 34	P1 x P2	76.5	76.3
40	DHL 35	P1 x P2	77.3	77
41	DHL 36	P1 x P2	76.6	76.3
42	DHL 37	P1 x P2	76.3	76
43	DHL 38	P1 x P2	79.3	79
44	DHL 39	P1 x P2	75.7	75.4
45	DHL 40	P1 x P3	80.3	80
46	DHL 41	P1 x P3	74.8	74.3
47	DHL 42	P1 x P3	54.3	54
48	DHL 43	P1 x P3	73.4	73

Tabela (12) Continuação ....

Não.	Genótipos	Cruzes	Casca %	Fresagem %
49	DHL 44	P1 x P3	77.4	77
50	DHL 45	P1 x P3	76.6	76
51	DHL 46	P1 x P3	81.5	80.6
52	DHL 47	P1 x P3	79.2	79
53	DHL 48	P1 x P3	77.3	76.9
54	DHL 49	P1 x P3	77.5	77
55	DHL 50	P1 x P3	78.6	78
56	DHL 51	P1 x P3	75.6	75.1
57	DHL 52	P1 x P3	74.4	74
58	DHL 53	P1 x P3	76.6	76.3
59	DHL 54	P1 x P3	74.2	74
60	DHL 55	P1 x P4	75.7	75.1
61	DHL 56	P1 x P4	74.7	74.4
62	DHL 57	P1 x P4	74.1	73.9
63	DHL 58	P1 x P4	74.6	74.4
64	DHL 59	P1 x P5	75.9	75
65	DHL 60	P1 x P5	61.6	61.4
66	DHL 61	P1 x P5	79.6	69.2

67	DHL 62	P1 x P5	74.7	74.3
68	DHL 63	P1 x P5	77.7	77.4
69	DHL 64	P1 x P5	78.4	78.2
70	DHL 65	P1 x P5	74.4	74.2
71	DHL 66	P1 x P5	76.6	76.3

Capítulo 4

Variabilidade genética para todos os caracteres estudados:

4.1. Caracteres agronómicos e seus componentes de rendimento

A amplitude, a média geral e os parâmetros genéticos, ou seja, a variação fenotípica e genotípica (o^2 ph e o^2 *g),* o coeficiente de variação fenotípica e genotípica (P.C.V. e G.C.V.), a hereditariedade em sentido lato (H^2 %) e o avanço genético em percentagem da média (GA %) para as caraterísticas agronómicas e de componentes de rendimento são apresentados no **quadro (14).**

Uma ampla gama de variação foi observada para a altura da planta (67-129,8), planta de rendimento de grãos^{-1} (21,3-57,9), área da folha bandeira (22,5-51,7), dias para a cabeça (84,3-106,7), número de perfilhos (11,7-25,7) e comprimento da panícula (13,3-24).

Para a variação fenotípica e genotípica, foram observadas estimativas elevadas para a altura da planta (219, 229,2) e para a planta de rendimento de grãos^{-1} (103,5, 109,9). Foram encontradas estimativas moderadas para a área da folha bandeira (43,1, 54,32). Outras caraterísticas mostraram baixas estimativas de variação fenotípica e genotípica, dias para o espigamento (18,71, 21,1), número de perfilhos (5,92, 17,28).

Observa-se que os coeficientes de variabilidade fenotípica (CVP) foram, como esperado, maiores do que os respectivos coeficientes genotípicos (CVG) para todas as caraterísticas **(El-Hity e El-Keredy 1992, Rasheed *et al.* 2002 e Okelola *et al* 2007)** e as estimativas variaram entre 2,75% a 25,79% e 2,24% a 25,01%, respetivamente. A variabilidade máxima foi observada para a planta de rendimento de grãos^{-1} (PCV = 25,79%, GCV = 25,01%), e a variabilidade mínima para a fertilidade das espiguetas (PCV = 2,75%, GCV = 2,24%). As diferenças entre as duas estimativas foram, no entanto, de menor magnitude na maioria dos casos, o que sugere que a influência ambiental na expressão das caraterísticas não foi muito grande, podendo facilitar a seleção.

Tabela (14): Amplitude, média geral e variabilidade genética para os caracteres agronómicos e seus componentes de rendimento

Trai t	Gama	X	a^2 ph	a^2g	PCV	GCV	h^2	GS	GA%
TCC	40.8 - 54	47.20	5.69	10.62	6.90	5.05	54	3.63	7.68
FLA	22.5 - 51.7	36.14	43.10	54.32	20.39	18.16	79	12	33.18
DAH	84.3 - 106.7	93.29	18.71	21.10	4.92	4.63	88	8.32	8.92
PLH	67 - 129.8	89.87	219	229.2	16.84	16.46	95	29.63	32.96
PAL	13.3 - 24	17.89	6.80	8.29	16.10	14.57	82	4.86	27.19

NÃO T	11.7 - 25.7	18.50	5.92	17.28	22.46	13.15	34	2.91	15.73
NÃO P	10.7 - 24.7	17.47	4.94	16.43	23.20	12.72	30	2.50	14.33
SFP	86.8 - 96.4	90.74	4.12	6.20	2.75	2.24	66	3.39	3.74
TG W	24.8 - 34.3	30.90	2.93	5.76	7.76	5.54	51	2.52	8.16
GY P	21.3 - 57.9	40.67	103.5	109.9	25.79	25.01	94	20.3	49.9

Abreviaturas: X, média geral; a^2_{ph}, variação fenotípica; a^2_g, variação genotípica; **PCV,** coeficiente de variação fenotípica; **GCV,** coeficiente de variação genética; $h2$, hereditariedade em sentido lato; **GS**, avanço genético; **GA%**, avanço genético em percentagem da média; **TCC,** Teor de clorofila total; **FLA,** Área foliar da bandeira; **DAH,** Dias para o encabeçamento, **PLH,** Altura da planta; **PAL,** Comprimento da panícula; **NOT,** Número de perfilhos da planta^{-1} ; **NOP,** Número de panículas da planta^{-1} ; **SFP,** Percentagem de fertilidade da espigueta; **GYP,** Rendimento de grãos da planta^{-1}

Embora o GCV forneça informações sobre a variabilidade genética presente em vários caracteres quantitativos, não é possível determinar a quantidade da variação que foi hereditária apenas a partir do coeficiente de variação genotípica **(Okelola *et al* (2007)**.

As estimativas de hereditariedade de sentido amplo variaram de 30% a 95%. Os traços altura da planta, produtividade de grãos^{-1} , dias para o espigamento, comprimento da panícula e área da folha bandeira apresentaram estimativas relativamente altas (95%, 94%, 88%, 82% e 79%). Já as caraterísticas como fertilidade de espiguetas, teor de clorofila total e peso de mil grãos apresentaram estimativas de herdabilidade moderadas (66%, 54% e 51%). De um modo geral, as estimativas moderadas a elevadas da hereditariedade revelaram que os factores ambientais não afectaram grandemente a variação fenotípica dos caracteres, indicando que uma parte considerável da variação
entre os genótipos foi determinado geneticamente.

Em relação ao avanço genético (G.A. %) em percentagem da média, os valores mais elevados foram registados para o rendimento de grãos da planta^{-1} (49,9%), área da folha bandeira (33,18%) e altura da planta (32,96%). Por outro lado, foram observadas estimativas baixas para caraterísticas como dias de colheita (8,92%), peso de mil grãos (8,16%), teor de clorofila (7,68%) e fertilidade das espiguetas (3,74%). Enquanto o valor moderado a alto de GA% foi estimado para o comprimento da panícula (27,19%), número de perfilhos (15,73%) e número de panículas (14,33%).

4.1.Valor nutricional e caracteres de qualidade do grão:

A amplitude, a média geral e os parâmetros genéticos, ou seja, a variação fenotípica e genotípica (o^2 ph e o^2 *g),* o coeficiente de variação fenotípica e genotípica (P.C.V. e G.C.V.), a hereditariedade em sentido lato (H^2 %) e o avanço genético em percentagem da média (GA %) para os caracteres de valor nutricional e de qualidade do grão são apresentados no quadro **(15)**.

Tabela (15): Amplitude, média geral e variabilidade genética para os caracteres de valor nutricional e qualidade de grãos

Traço	Gama	X	a^2 ph	a g^2	PCV	GCV	$_h2$	GS	GA%
Mn/br	25.3 - 50.3	36.09	31.9	33.2	15.96	15.65		9611.39	31.56
Mn/mi	19.4 - 42.9	29.49	18.41	20.60	15.39	14.50		898.32	28.22
Zn/br	26.5 - 73.2	50.10	142.7	145.2	24.10	23.80		9824.33	48.56
Zn/mi	21.9 - 53.2	32.56	47.5	49.58	21.60	21.20		9513.78	42.32
Fe/br	196 - 814	396.5	23400	23705	38.83	38.60		98310.8	78.39
Fe/mi	133 - 665	282.9	13694	14033	41.9	41.3		97236.7	83.67
Casco.	54.3 - 94.6	76.67	22.16	22.26	6.15	6.14		999.62	12.55
Moinho.	54 - 94.2	76.45	21.61	22.19	6.16	6.10		97 9.41	12.31

Abreviaturas: X, média geral; **a^2 ph,** Variação fenotípica; **a^2 g,** Variação genotípica; **PCV,** Coeficiente de variação fenotípica; **GCV,** Coeficiente de variação genética; ***h2*,** Herdabilidade em sentido amplo; **GS,** Avanço genético; **GA%,** Avanço genético em percentagem da média; Hull., Percentagem de descasque%; Mill. (Mn/br, Mn/mi, Zn/br, Zn/mi, Fe/br, Fe/mi) Concentrações de manganês, zinco e ferro no arroz integral e no arroz branqueado

Foi observada uma ampla gama de variação para a concentração de Fe no arroz integral e moído (196-814)ppm e (133-665)ppm, respetivamente. Os coeficientes de variação fenotípica e genotípica entre diferentes caraterísticas nutricionais e de qualidade revelaram que foram observadas estimativas elevadas para a concentração de Fe no arroz branqueado (PCV=41,9, GCV=41,3) e no arroz integral (PCV=38,83, GCV=38,6), enquanto que as estimativas moderadas foram
observados para a concentração de Zn no arroz integral (PCV=24,1, GCV=23,8) e no arroz branqueado (PCV=21,6, GCV=21,2). Outras caraterísticas mostraram baixas estimativas dos coeficientes de variação fenotípica e genotípica, concentração de Mn no arroz integral (PCV=15,96, GCV=15,65) e no arroz branqueado (PCV=15,39, GCV=14,5), percentagem de descasque (PCV=6,16, GCV=6,14) e percentagem de branqueamento (PCV=6,15, GCV=6,1).

Como os valores de hereditariedade foram elevados para todos os caracteres, a hereditariedade por si só não será capaz de dar valores bem sucedidos no melhoramento de caraterísticas específicas, a menos que haja um ganho genético mais elevado que seja atribuído à ação genética aditiva. (**Bindoh *et al* 2007**).

Em relação ao alto avanço genético (AG%) como porcentagem da média foi observado para a concentração de Fe no arroz branqueado (83,67%) e concentração de Fe no arroz integral (78,39%). Por outro lado, baixas estimativas foram observadas para a % de descascamento (12,55%) e moagem % (12.31%). Enquanto o valor moderado de (GA%) foi estimado para a concentração de Zn no arroz integral (48,56%), concentração de Zn no arroz branqueado (42,32%), concentração de Mn no arroz integral (31,56%) e concentração de Mn no arroz branqueado (28,22%).

4.2.Coeficientes de correlação para todos os caracteres estudados

4.2.1. Coeficientes de correlação para caracteres agronómicos e sua componente de rendimento:

Os coeficientes de correlação entre todos os pares de variáveis são apresentados no Quadro **(16)**. No presente estudo, o teor de clorofila total revelou uma correlação negativa, mas não significativa, exceto uma associação significativa altamente negativa com os dias até ao abrolhamento e uma associação significativa negativa com a altura da panícula e o comprimento da panícula. (**Babar** ***etal.*** **2007**)

A área da folha bandeira mostrou uma forte correlação positiva e significativa com a altura da planta e o comprimento da panícula e também teve uma correlação positiva significativa com o rendimento de grãos por planta. O enrolamento das folhas poderia diminuir a taxa fotossintética, o que subsequentemente resultaria na redução do crescimento da planta e do rendimento de grãos, o que parecia causar correlações genotípicas e fenotípicas negativas entre eles. A área da folha bandeira afectou positivamente o rendimento de grãos **(Bai, Devika, Regina e Joseph 1992)** e foi altamente negativa e significativa com a fertilidade das espiguetas. **(Ramakrishnan** ***et al.*** **2006),** (**Babar** ***et al.*** **2007**).

Para os dias para o encabeçamento, a correlação foi positiva, mas não significativa, com todas as caraterísticas, exceto o comprimento da panícula, que apresentou uma associação positiva significativa **(Ramakrishnan** ***et al.*** **2006),** mas os dias para o encabeçamento tiveram uma associação fraca com o rendimento de grãos por planta. **(Choudhury e Das 1998)** e **(Shanthakumar** ***et al.*** **1998)** registaram uma associação positiva entre os dias para o encabeçamento e o rendimento de grãos no arroz.

A altura da planta mostrou uma correlação significativa e altamente positiva com o comprimento da panícula **(El-Kady** ***et al.*** **1990, Cristo** ***et al.*** **2000** e **Babar** ***et al.*** **2007)** e a correlação entre estes dois traços sugeriu que plantas mais altas produziriam panículas mais longas **(Babar** ***et al*** **2007),** também mostrou uma forte correlação positiva com o rendimento de grãos por planta. Embora tenha revelado uma correlação positiva com outras caraterísticas, esta não foi significativa. Apenas uma caraterística, a fertilidade das espiguetas, apresentou uma correlação negativa significativa com a altura das plantas.

Foram encontradas correlações significativas altamente positivas para o comprimento da panícula com o rendimento de grãos por planta, a área da folha bandeira e a altura da planta, e foi encontrada uma correlação significativa positiva com os dias para o encabeçamento. Enquanto o comprimento da panícula teve uma correlação negativa com outras caraterísticas, teve uma correlação negativa significativa com o teor de clorofila total.

Quanto ao número de perfilhos por planta, foram registadas correlações positivas altamente significativas com o número de panículas e a fertilidade das espiguetas.

O número de panículas registou uma correlação positiva com o rendimento de grãos por planta e outras caraterísticas, exceto o peso de mil grãos e o teor de clorofila total. Também apresentou correlações significativas altamente positivas com o número de perfilhos e a fertilidade das espiguetas.

Foi encontrada uma associação significativa altamente negativa para a fertilidade das espiguetas com a área da folha bandeira e uma associação significativa negativa com a altura da planta e associações significativas altamente positivas com o número de perfilhos e o número de panículas.

No caso do peso de mil grãos, foram reveladas correlações positivas com o rendimento de grãos por planta, a área da folha bandeira, os dias para o abrolhamento e a altura da planta, enquanto que as correlações negativas foram mostradas com o teor de clorofila total, o comprimento da panícula, o número de perfilhos e o número de panículas.

O rendimento é uma caraterística complexa controlada por muitos genes. A seleção de genótipos baseada apenas no rendimento é muitas vezes enganadora. Por conseguinte, é necessário conhecer a relação entre o rendimento e os caracteres que o contribuem para uma estratégia de seleção eficaz.

Neste livro, os coeficientes de correlação do rendimento de grãos foram positivos e não significativos com todas as caraterísticas, exceto a fertilidade das espiguetas e o teor de clorofila total **(El-Hity e El-Keredy 1992)**.

As associações significativas altamente positivas do rendimento de grãos foram encontradas com o comprimento da panícula e a altura da planta e a associação significativa positiva foi encontrada com a área da folha bandeira **(Chaudhary, Rao, Parsad e Rao. 1980), (Kaushik e Patil 1982), (Kumar e Rangasamy 1986), (Mirza, Faiz e Majid 1992) e (Babar *et al.* 2007).**

A informação sobre a inter-associação entre os caracteres que atribuem rendimento mostrou a natureza e a extensão da relação entre eles. Isto ajudará no melhoramento simultâneo de diferentes caracteres juntamente com o rendimento no programa de melhoramento.

4.2.2. Coeficientes de correlação para caracteres de valor nutricional e de qualidade do grão:

A abordagem mais eficaz para resolver o problema das deficiências de nutrientes minerais no ser humano é desenvolver cultivares de arroz com nutrientes minerais abundantes quando moídos. Neste estudo, foram avaliados

os teores de Mn, Zn e Fe de 71 genótipos. Cada um destes nutrientes tem também uma função crítica nos tecidos das plantas
(Bennett 1993). Os resultados mostraram que os teores de elementos minerais do arroz eram claramente diferentes entre genótipos, o que implicava que as variações genotípicas poderiam proporcionar oportunidades de seleção para teores mais elevados de elementos minerais **(Gregorio 2002).**
Os dados na Tabela **(16)** mostraram que os conteúdos de elementos minerais foram determinados com arroz integral e arroz branqueado, respetivamente, e a perda de conteúdos de elementos minerais foi bastante diferente entre os 3 elementos minerais durante o processo de branqueamento **(Zeng *et al.* 2003)**.
Neste estudo**,** foram reconhecidas correlações positivas altamente significativas entre (descascamento e moagem), (Mn/br e Mn/mi), (Zn/br e Zn/mi) e (Fe/br e Fe/mi).
O teor de Mn no arroz branqueado mostrou uma correlação positiva visível com o Zn no arroz branqueado **(Wang *et al.* 2002)** e com o Zn no arroz integral. Por outro lado, revelou-se uma correlação negativa com o teor de Fe no arroz integral e no arroz branqueado.
O teor de Zn (arroz branqueado e arroz integral) revelou uma correlação positiva com o teor de Fe no arroz integral e no arroz branqueado **(Abilgos *et al.* 2002).**
Além disso, o teor de Fe também apresentou correlações positivas com o Zn no arroz integral e no arroz branqueado, mas o teor de Mn apresentou correlações negativas.

4.2.Validação de marcadores moleculares de marcadores conhecidos de elevado valor nutricional

O objetivo desta parte foi a avaliação dos genótipos selecionados com base na sua diversidade genética, utilizando marcadores moleculares de repetição de sequências simples (SSR). Os genótipos selecionados são apresentados no quadro **(17)**. Foram utilizados quatro SSRs para validar marcadores ligados conhecidos de alto valor nutricional e para mostrar o polimorfismo entre os genótipos testados, esses SSRs foram RM 590, RM 152, OSR 35 e RM 295. Um deles (RM590) está localizado no cromossoma 10, próximo do QTL para o manganês, enquanto dois deles estão associados ao QTL para uma elevada concentração de zinco no grão (RM152 e OSR35). Por outro lado, o RM 295 foi utilizado para mostrar polimorfismo para a concentração de Fe nos genótipos testados.

4.2.1. Validação de marcadores SSR ligados a Mn

O marcador RM 590 amplificou dois alelos diferentes para os genótipos selecionados com ligação à concentração de manganês, Figura **(1)**. O primeiro alelo **(200** pb) foi encontrado nos genótipos Jiegnou 9601 (variedade de controlo), Sakha 101, Sakha 102, Sakha 104, DHL 11, DHL 29, DHL 51, DHL 58 e DHL 60. Enquanto o segundo alelo (**220** pb) foi encontrado nos genótipos DHL 54, DHL 56 e DHL 59.

4.2.2. Validação de marcadores SSR ligados ao Zn

Para o marcador RM 152, a figura **(2)** revelou dois alelos, o primeiro alelo com tamanho molecular (**150 pb**) foi encontrado em todos os genótipos testados, exceto Jiegnou 9601, Sakha 102, DHL 13, DHL 55, DHL 60 e DHL 65, onde o segundo alelo foi encontrado com tamanho molecular (**165 pb**). Como se mostra na **figura 2**, a variedade de controlo Jiegnou 9601 tinha o mesmo alelo que a DHL 13. A DHL 13 é derivada do cruzamento (Jiegnou 9601 x Giza 177). Um efeito importante do QTL para o teor de zinco, responsável pela maior proporção da variação fenotípica (11%-19%), foi detectado perto do repetições de sequência simplesmarcador RM152 no cromossoma 8. **Garcia *et al.* (2009)**.

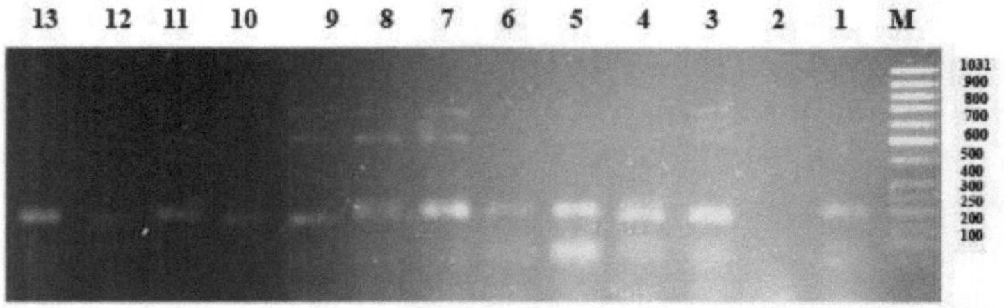

Figura (1): O electrofotograma dos fragmentos de ADN amplificados com RM 590 para os genótipos selecionados. M, escada de 100 pb; 1, Jiegnou 9601; 2, Giza 177; 3, Sakha 101; 4, Sakha 102; 5, Sakha 104; 6, DHL 11; 7, DHL 29; 8, DHL 51; 9, DHL 54; 10, DHL 56; 11, DHL 58; 12, DHL 59; 13, DHL 66.

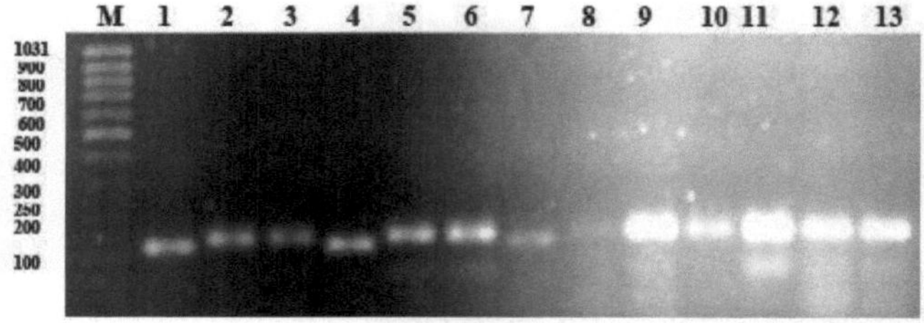

Figura (2): Fotograma eletrónico dos fragmentos de ADN amplificados com RM 152 para os genótipos selecionados. M, escada de 100 pb; 1, Jiegnou 9601; 2, Giza 177; 3, Sakha 101; 4, Sakha 102; 5, Sakha 104; 6, DHL 9; 7, DHL 13; 8, DHL 41; 9, DHL 43; 10, DHL 55; 11, DHL 57; 12, DHL 60; 13, DHL 65.

4.2.3. Validação de marcadores SSR ligados ao Zn

Para OSR 35 Um QTL importante associado a um elevado teor de zinco no grão foi mapeado no cromossoma 5, flanqueado pelo marcador OSR35 **(IRRI 2001)**. O marcador OSR 35 amplificou dois alelos diferentes para os genótipos selecionados com ligação ao teor de zinco. O primeiro alelo foi gerado em todos os genótipos testados com tamanho molecular (**175 pb**), exceto em Jiegnou 9601, DHL 13 e DHL 43, onde o segundo alelo foi encontrado com tamanho molecular (**195 pb**). Como se mostra na figura **(3)**, a variedade de controlo para alta concentração de Zink foi a Jiegnou 9601 e a DHL 13 é derivada do cruzamento (Jiegnou 9601 x Giza 177), a DHL 43 é derivada do cruzamento (Jiegnou 9601 x Sakha 101).

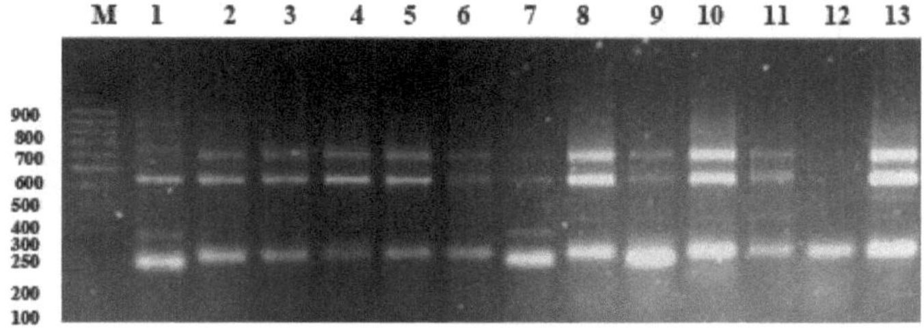

Figura (3): Fotograma eletrónico dos fragmentos de ADN amplificados com OSR 35 para os genótipos selecionados. M, escada de 100 pb; 1, Jiegnou 9601; 2, Giza 177; 3, Sakha 101; 4, Sakha 102; 5, Sakha 104; 6, DHL 9; 7, DHL 13; 8, DHL 41; 9, DHL 43; 10, DHL 55; 11, DHL 57; 12, DHL 60; 13, DHL 65.

Tabela (17): Os genótipos selecionados

NÃO	Genótipos	Cruzes	Parentesco
1	Jiegnou 9601 (variedade 1 CK)	P1	Linha chinesa
2	Giza 177 (CK variedade 2)	P2	Giza171/Yomji N.º 1 // Pi N.º 4
3	Sakha 101	P3	Giza176/Milyang79
4	Sakha 102	P4	Giza 177/GZ 4096-7-1
5	Sakha 104	P5	GZ4096-8-1/GZ 4100-9-1
6	DHL 6	P1 x P2	Jiegnou9601 x Giza 177
7	DHL 9	P1 x P2	Jiegnou9601 x Giza 177
8	DHL 11	P1 x P2	Jiegnou9601 x Giza 177
9	DHL 13	P1 x P2	Jiegnou9601 x Giza 177
10	DHL 29	P1 x P2	Jiegnou9601 x Giza 177
11	DHL 30	P1 x P2	Jiegnou9601 x Giza 177
12	DHL 41	P1 x P3	Jiegnou9601 x Sakha 101
13	DHL 42	P1 x P3	Jiegnou9601 x Sakha 101
14	DHL 43	P1 x P3	Jiegnou9601 x Sakha 101
15	DHL 51	P1 x P3	Jiegnou9601 x Sakha 101
16	DHL 54	P1 x P3	Jiegnou9601 x Sakha 101
17	DHL 55	P1 x P4	Jiegnou9601 x Sakha 102
18	DHL 56	P1 x P4	Jiegnou9601 x Sakha 102
19	DHL 57	P1 x P4	Jiegnou9601 x Sakha 102
20	DHL 58	P1 x P4	Jiegnou9601 x Sakha 102
21	DHL 59	P1 x P5	Jiegnou9601 x Sakha 104
22	DHL 60	P1 x P5	Jiegnou9601 x Sakha 104
23	DHL 62	P1 x P5	Jiegnou9601 x Sakha 104
24	DHL 63	P1 x P5	Jiegnou9601 x Sakha 104
25	DHL 65	P1 x P5	Jiegnou9601 x Sakha 104

4.4.4. Validação de marcadores SSR ligados ao Fe

O primeiro alelo (**200** pb) foi encontrado em todos os genótipos estudados, exceto em Jiegnou 9601 e DHL 30, onde foi encontrado o segundo alelo (**180** pb). Como se pode ver na **figura (4),** a variedade de controlo Jiegnou 9601 e a DHL 30 tinham o mesmo alelo, e a DHL 30 era o genótipo mais elevado em termos de concentração de Fe. Isto pode sugerir uma ligação entre o marcadorRM 295 e a elevada concentração de Fe como carácter de valor nutricional.

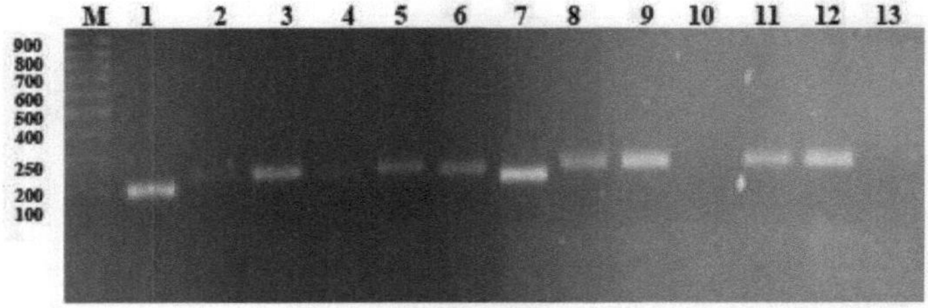

Figura (4): Fotograma eletrónico dos fragmentos de ADN amplificados com RM 295 para os genótipos selecionados. M, escada de 100 pb; 1, Jiegnou 9601; 2, Giza 177; 3, Sakha 101; 4, Sakha 102; 5, Sakha 104; 6, DHL 6; 7, DHL 30; 8, DHL42; 9, DHL 51; 10, DHL 56; 11, DHL 58; 12, DHL 62; 13, DHL 63.

Neste estudo foram utilizadas o arroz preto (Jiegnou 9601) e quatro variedades de arroz egípcio ***(Oryza sativa L.)***, nomeadamente (Giza 177, Sakha 101, Sakha 102 e Sakha 104).

As variedades parentais foram cruzadas utilizando o desenho linha×teste e foram obtidos quatro cruzamentos. As sementes F1- foram cultivadas e as anteras das plantas F1 foram utilizadas para desenvolver as linhas duplamente haplóides (DHLs) utilizando a técnica de cultura de anteras. O meio **FJ** foi utilizado para a indução de calos, enquanto o meio **MS** foi utilizado para a regeneração de plantas. Foram obtidas 66 linhas duplamente haplóides (DHLs). Cinco progenitores, incluindo dois controlos e as sessenta e seis linhas duplamente haplóides. Duas variedades de controlo, Jeignou 9601 (arroz preto) e Giza 177, foram utilizadas como variedades de valor nutricional e avaliadas em condições normais no RRTC em Sakha, Kafr El-Sheikh.

Foram medidos dez caracteres agronómicos e de rendimento e seus componentes para todos os genótipos e oito caracteres para os caracteres de valor nutricional e de qualidade do grão.

A análise de variância foi calculada para todos os caracteres estudados. Foram calculados os componentes genéticos*, ou seja,* a variação fenotípica (σ2), a variação genotípica (σ2), o coeficiente de variação fenotípica (PCV), o coeficiente de variação genotípica (GCV), a hereditariedade em sentido lato (h2) e o avanço genético (GA%).

Além disso, foram calculados os coeficientes de correlação fenotípica entre todos os pares de caracteres estudados para todos os caracteres.

Os genótipos foram selecionados em função do seu rendimento e do seu valor nutricional e a diversidade genética entre eles foi estudada utilizando marcadores SSR.

Os resultados obtidos podem ser resumidos nos seguintes pontos: 1. Avaliação no terreno

1) As estimativas do quadrado médio revelaram variações altamente significativas entre os genótipos para todos os caracteres estudados. **2)** Para os caracteres agronómicos, foi exibida uma ampla gama de variações entre os genótipos estudados. Os valores médios variaram de 40,8 a 54 mg/ds2 para o teor de clorofila total, de 22,5 a 51,7 cm2 para a área da folha bandeira, de 84,3 a 106,7 d para os dias até ao amadurecimento, de 67 a 129,8 cm para a altura da planta e de 13,3 a 24 cm para o comprimento da panícula. Os melhores valores médios foram registados pelas DHL 45, (Jiegnou 9601) e DHL 35 para o teor de clorofila, Giza 177, DHL 66 e DHL 52 para a área da folha bandeira, DHL 53 e

Giza 177 para os dias até ao abrolhamento, DHLs 14, 25 e (Jiegnou 9601) para a altura da planta, DHLs 63, 51 e Sakha 101 para o comprimento da panícula. **3)** Para os caracteres de rendimento e seus componentes, foi observada uma ampla gama de variações entre os genótipos estudados. Os valores médios variaram de 11,7 a 25,7 para número de perfilhos planta-1, de 10,7 a 24,7 para número de panículas planta-1, de 86,8 a 96,4% para porcentagem de fertilidade, de 24,8 a 34,3 gm para peso de mil grãos e de 21,3 a 57,9 gm para produtividade de grãos planta-1. Os melhores valores médios foram obtidos por Sakha 102 e DHLs 30 e 51 para número de perfilhos planta-1, DHLs 19, 51 e Sakha 102 para número de panículas planta-1, Sakha 101 e DHLs 3, 47 para percentagem de fertilidade, DHL 36 e Sakha 101 para peso de mil grãos, DHLs 32, 50 e Sakha 101 para rendimento de grãos planta-1. **4)** Para os caracteres de valor nutricional e qualidade do grão, foi encontrada uma ampla gama de variações entre os genótipos estudados. Os valores médios variaram de 25,3 a 50,3 ppm para a concentração de Mn no arroz integral, de 19,4 a 42,9 ppm para a concentração de Mn no arroz branqueado, de 26,5 a 73,2 ppm para a concentração de Zn no arroz integral, de 21,9 a 53.2 ppm para a concentração de Zn no arroz branqueado, de 196 a 814 ppm para a concentração de Fe no arroz integral, de 133 a 665 ppm para a concentração de Fe no arroz branqueado, de 54,3 a 94,6% para a percentagem de descasque e de 54 a 94,2% para a percentagem de moagem. Os melhores valores médios foram obtidos pelas DHL 29 e (Jiegnou 9601), para a concentração de Mn no arroz integral, (Jiegnou 9601) e DHL 1 para a concentração de Mn no arroz branqueado, DHLs 13, 41 e (Jiegnou 9601) para a concentração de Zn no arroz integral, Jiegnou 9601 e DHL 13 para a concentração de Zn no arroz branqueado, DHLs 30, 42 e Giza 177 para a concentração de Fe no arroz integral e no arroz branqueado, DHLs 23, 46 e Sakha 102 para a percentagem de descasque e DHLs 23, 46 e Giza 177 para a percentagem de branqueamento.

2. Parâmetros genéticos

1) Para os coeficientes de variação fenotípica e genotípica entre caracteres agronómicos e seus componentes. Observa-se que os coeficientes de variabilidade fenotípica (C.V.P.) foram, como esperado, maiores que os respectivos coeficientes genotípicos (C.V.G.) para todos os caracteres e as estimativas variaram entre 2,75% a 25,79% e 2,24% a 25,01%, respetivamente. A variabilidade máxima foi observada para a produtividade de grãos planta-1 (PCV = 25,79%, GCV = 25,01%), e a variabilidade mínima para a fertilidade de espiguetas (PCV = 2,75%, GCV = 2,24%). As diferenças entre as duas estimativas foram, no entanto, de menor magnitude na maioria dos casos, o que sugere que a influência ambiental na expressão das caraterísticas não foi muito grande, podendo facilitar a seleção.

As estimativas elevadas de hereditariedade em sentido lato (h2 %) foram registadas para a altura da planta, rendimento de grãos planta-1, dias para o abrolhamento, comprimento da panícula e área da folha bandeira. As estimativas moderadas de herdabilidade para fertilidade de espiguetas, teor de clorofila total e peso de mil grãos. Em relação ao avanço genético (G.A. %) como percentagem da média, os valores mais elevados foram registados para o rendimento de grãos planta-1 (49,9%), área da folha bandeira (33,18%) e altura da planta (32,96%).

2) Para os coeficientes de variação fenotípica e genotípica entre os diferentes caracteres nutricionais e de qualidade, foi observado que estimativas altas foram observadas para a concentração de Fe no arroz branqueado (PCV=41,9, GCV=41,3) e no arroz integral (PCV=38,83, GCV=38,6), enquanto que estimativas moderadas foram observadas para a concentração de Zn no arroz integral (PCV=24,1, GCV=23,8) e no arroz branqueado (PCV=21,6, GCV=21,2). Os valores de hereditariedade (h2 %) foram elevados para todos os caracteres e relativos ao avanço genético elevado (GA%) como

por cento da média foi observado para a concentração de Fe no arroz branqueado (83,67%) e concentração de Fe no arroz integral (78,39%). Enquanto o valor moderado de (GA%) foi estimado para a concentração de Zn no arroz integral (48,56%), concentração de Zn no arroz branqueado (42,32%) e concentração de Mn no arroz integral (31,56%).

3. Coeficiente de correlação

1) Coeficientes de correlação fenotípica para caracteres agronómicos e seus componentes de rendimento, o rendimento de grãos planta-1 foi altamente significativo e correlacionado positivamente com o comprimento da panícula e a altura da planta e foi encontrada uma associação positiva significativa com a área da folha bandeira. A altura da planta apresentou uma correlação significativa altamente positiva com o comprimento da panícula. Foram encontradas correlações significativas altamente positivas para o comprimento da panícula com o rendimento de grãos por planta, a área da folha bandeira e a altura da planta, e foi encontrada uma correlação significativa positiva com os dias para o encabeçamento. Enquanto o comprimento da panícula apresentou correlação negativa com outras caraterísticas, teve correlação negativa significativa com o teor de clorofila total. A área da folha bandeira mostrou fortes correlações positivas e significativas com a altura da planta e o comprimento da panícula e também teve uma correlação positiva significativa com o rendimento de grãos por planta.

No que diz respeito aos dias para o encabeçamento, a correlação foi positiva, mas não significativa, com todas as caraterísticas, exceto o comprimento da panícula, que apresentou uma associação positiva significativa. Quanto ao número de perfilhos por planta, foram registadas correlações positivas altamente significativas com o número de panículas e a fertilidade das espiguetas. Para o número de panículas, registaram-se correlações significativas altamente positivas com o número de perfilhos e a fertilidade das espiguetas. No caso do peso de mil grãos, foram registadas correlações positivas com o rendimento de grãos por planta, a área da folha bandeira, os dias até ao abrolhamento e a altura da planta. O teor de clorofila total revelou uma correlação negativa, mas não significativa, exceto uma associação significativa altamente negativa com os dias até ao vingamento e uma associação significativa negativa com a altura da panícula e o comprimento da panícula.

Coeficientes de correlação fenotípica para caracteres de valor nutricional e qualidade de grãos, correlações positivas altamente significativas foram reconhecidas entre (descascamento e moagem), (Mn/br e Mn/mi), (Zn/br e Zn/mi) e (Fe/br e Fe/mi).

O teor de Mn no arroz branqueado apresentou uma correlação positiva visível com o teor de Zn no arroz branqueado

e com Zn no arroz integral. O teor de Zn no arroz branqueado e no arroz integral revelou uma correlação positiva com o teor de Fe no arroz integral e no arroz branqueado. Além disso, o teor de Fe também apresentou correlações positivas com o Zn no arroz integral e no arroz branqueado, mas o teor de Mn apresentou correlações negativas.

4. Validação de marcadores moleculares de elevado valor nutricional conhecidos

Relativamente aos marcadores microssatélites, foram utilizados três marcadores SSR: RM 590, RM 152, OSR 35 e RM 295, todos eles geraram bandas polimórficas entre os genótipos. Foi detectado um total de oito alelos entre os vinte e cinco genótipos.

O nível de polimorfismo gerado foi bom para estudar a diversidade entre os genótipos selecionados e os marcadores SSRs tiveram uma relação com caracteres de valor nutricional (concentrações elevadas de Mn, Zn e Fe).

A partir destes resultados, pode concluir-se que houve um bom polimorfismo para estudar a diversidade entre os genótipos selecionados. Também pode sugerir uma ligação entre marcadores e concentrações elevadas de (Mn, Zn e Fe) nos grãos como caracteres de valor nutricional.

Abd Allah, A.A. (2000). Estudos de reprodução de arroz (***Oryza sativa L.***) Tese de doutoramento, Fac.Agric.Menofiya Univ. Shibin El-Kom, Egito.

Abdel-Aal El-Sayed M., J. Christopher Young, e Iwona Rabalski. (2006). Composição de antocianinas em grãos pretos, azuis, cor-de-rosa, roxos e de cereais. Food Stone Research Program, Agriculture and Agri-Food Canada, 93 Road West, Guelph, Ontario, Canada N1G 5C9. In: J. Agric. Food Chem, 54 (13), 4696 : 4704.

Abd El-Khalek, S.M.A. (2001). Produção de linhas quase isogénicas com diferentes genes resistentes à doença da explosão através da cultura de anteras em arroz. Tese de Mestrado, Fac. Agric. Kafr El-Sheikh, Tanta Univ. Egito.

Abo-Yousef, M.I. (2001). Estudos genéticos dos efeitos alelopáticos sobre as infestantes e alguns componentes do rendimento do arroz (***Oryza sativa L.***) Tese de doutoramento, Fac. of Agric., Kafr El-Sheikh, Tanta Univ., Egito.

Abilgos, R. G.; Manaois, R. V.; Corpuz, E. Z.; Sebastian, L. S. (2002). Reprodução de arroz denso em ferro nas Filipinas, philipp. J. Crop Sci. 27 (Suppl. 1), 79.

Afza, R., Shen, M; Zapata, F. J., Xie, J., Fundi, H. K; Lee K. S., e E. Kodym. A. (2000). Effect of spikelet position on rice anther culture efficiency (Efeito da posição da espigueta na eficiência da cultura de anteras de arroz). In: Plant Sci. 153: 155-159.

Aidy, I.R.; A.E. Draz e A.A.M. Abd El-Rahman (1992). Variabilidade genética de algumas variedades e linhas de arroz em condições de solo salino. Proc. 5ª Conf. Agron., Zagazig, 13-15 Set., (1):174-183.

Ana Luisa Garcia-Oliveira, Lubin Tan, Yongcai Fu e Chuanqing Sun (2009). Identificação Genética de Loci de Traços Quantitativos para o Conteúdo de Nutrientes Minerais em Grãos de Arroz. Department of Plant Genetics and Breeding and State Key Laboratory of Plant Physiology and Biochemistry, China Agricultural University Beijing 100094, China. Em: Jornal de Biologia Vegetal Integrativa 2009, 51 (1): 84-92

Asish, K. Binodh, R. Kalaiyarasi e K. Thiyagarajan (2007). Estudos de parâmetros genéticos sobre caraterísticas de qualidade no arroz. Centro de Melhoramento de Plantas e Genética, Tamil Nadu Agricultural Uni. Coimbatore - 641 003.Madras Agric.J., 94 (1-6) : 109113.

Babar, M.; A.A. Khan; A. Arif; Y. Zafar e M. Arif (2007). Análise de caminho de algumas caraterísticas da folha e da panícula que afectam o rendimento do grão em linhas duplamente haplóides de arroz ***(Oryza sativa*** *L.).* J. Agric. Res. 45(4): 245-252.

Babu, V.R. (1996). Estudo dos parâmetros genéticos, correlações e análise do coeficiente de caminho do arroz *(Oryza sativa L.)* em condições salinas. Annals of Agricultural Research. 17(4): 370-374.

Bai, N. R., R. Devika, A. Regina e C.A. Joseph. (1992). Correlação de rendimento e componentes de rendimento em cultivares de arroz de média duração. Environment and Ecology 10(2): 469-470.

Bennett, W. F. (1993). Nutrient Deficiencies and Toxicities in Crop Plants, APS Pres: St. Paul, MN, pp. 1-7.

Butany, W.T. (1961). Emasculação em massa no arroz. International Rice Comm. Newsletter. 9: 9-13.

Chapman, H.D. e P.F. Pratt (1961). Método de análise de solos. Planta e água. Univ. da Califórnia, EUA.

Chang, T.T. (2003). Origem, Domesticação e Diversificação. Capítulo 1.1 In: WC Smith, RH Dilday, eds. Rice. Origin, History, Technology and Production. John Wiley and Sons, Inc., Hoboken, New Jersey. pp 3-25.

Chaubey, P. K. e R. P. Singh (1994). Genetic variability, correlation and path analysis of yield components of rice. Madras Agric. J. 81(9): 468-470.

Chaudhary, D., M. J. K. Rao, A.B. Parsad e A.V.S. Rao. (1980). Hereditariedade e correlação em arroz. Oryza. 17 (3): 194-199.

Chen Y. (1986). Cultura de anteras e pólen de arroz. In: Haploids of higher plants in vitro. Spriger- Velag, Berlim, pp. 3-25.

Chen, Q. F., Wang, C. L., Lu, Y. M., Shen, M. Afza, R. Duren e M. V. Burner. (2001). Cultura de anteras em ligação com mutações induzidas para o melhoramento do arroz. Euphyt. 120(3) : 401-408.

Choudhury, P.K.D. e P.K. Das (1998). Variabilidade genética, correlação e análise do coeficiente de caminho no arroz de águas profundas. Annals of Agricultural Research. 19(2):120-124.

Chu, Q. R., Linscombe, S. D. e Cao, H. X. (2000). Estratégia de melhoramento da cultura de anteras de arroz para desenvolver linhas de elite de grãos longos do sul dos EUA. Rice Biotechnology Quarterly, 41: 11-13.

CIAT (Centro Internacional de Agricultura Tropical da Colômbia - Arroz). (2004). O cereal de eleição da América Latina. In: In focus Crop Commitments.

Cristo, E.; R. Morejon; M.C. Gonzalez; R.M. Cardenas e F. Cuevas (2000). Avaliação de híbridos e variedades de arroz (*Oryza sativa* L.). Cultivos Tropicales. 21(4): 51-53.

Datta, S. K. (2001). Androgénese em cereais. In: Current Trends in Embryology of Angiosperms. Kluwer Academic Publishers, Dordrecht, pp. 471-488.

Dewey, I. S., Hanarida, I. S., e Rianawate, S. (1996). Cultura de anteras e suas aplicações para o programa de melhoramento de arroz na Indonésia. Indonesian Agricultural Research and Development Journal. 18(3): 51-56.

Draz, A. E. (2004). Contribuição e utilização de linhas de cultura de anteras no melhoramento do arroz no Egito.

Draz, A. E., F. J. Zapata e G. S. Khush. (1991). Desenvolvimento de linhas de arroz dihaplóide através da cultura de anteras (1) IRRN 16 : 5.

Durai, A.A.; S.V. Ngachan; A. Pattanayak e B.K. Sarma (2001). Estudo comparativo da hereditariedade, do avanço genético e da associação de caracteres em linhas de arroz (*Oryza sativa* L.) criadas convencionalmente e duplamente haplóides. Indian Journal of Hill Farming. 14(2): 71-75.

El-Hity, M. A. e M. S. El-Keredy (1992). Variabilidade genotípica, correlações fenotípicas e análise do coeficiente de caminho do rendimento de grãos e seus componentes em arroz (Oryza sativa L.). J. Agric. Res. Tanta Univ. 18(2): 299-311.

El-Kady, A.A.; A.A. El-hissewy e A.O. Bastawisi (1990). Um estudo sobre a variabilidade genética do rendimento e dos seus componentes e alguns caracteres agronómicos do arroz (Oryza sativa L.). J. Agric. Sci. Mansura Univ.15(11):1749-1754.

El-Mowafi, H.F. (2001). Análise da capacidade de combinação de algumas linhas de arroz citoplasmáticas macho-estéreis e restauradoras em condições egípcias. Egito, J. Appl. Sci., 16(2): 25-51.

[FAO] Organização das Nações Unidas para a Alimentação e a Agricultura (2004). O Estado da Alimentação e da Agricultura 2003-2004. Biotecnologia agrícola: Meeting the Needs of the Poor? (1 de junho de 2005)

Frei, Michael e Klaus Becker (2004). On Rice, Biodiversity and Nutrients (Arroz, Biodiversidade e Nutrientes). Instituto de Produção Animal nos Trópicos e Subtrópicos. Universidade de Hohenheim. Universidade de Hohenheim, Alemanha.

Furukawa, T.; Maekawa M, Oki T, Suda, I. Iida S.; Shimada H, Takamure I. e Kadowaki KI. (2006). Os genes Rc e Rd estão envolvidos na síntese de proantocianidina no pericarpo do arroz. Departamento de Diversidade Genética, Instituto Nacional de Ciências Agrobiológicas, Tsukuba. Ibaraki 305-8602, Japão. In: Plant J. 2006

Girish, T.N.; T.M. Gireesha; G. Vaishalim; B.G. Hanamareddy e S. Hittalmani (2006). Resposta de uma nova população recombinante IR50/Moroberekan de arroz (***Oryza sativa L.***) de um cruzamento indica x japonica para caraterísticas de crescimento e rendimento em condições aeróbicas. Euphytica. 152(2): 149-161.

Gomez, K.A. e A.A. Gomez (1984). Procedimentos estatísticos para a investigação agrícola. 2nd ed. Jhon Willy Sons, Nova Iorque, E.U.A. pp. 680.

Gregorio, G. B. (2002). Progresso no melhoramento de minerais vestigiais em culturas de base. J. Nutr. 132, 500S-502S.

Gurdev S. Khush, S. S. Virmani e D. R. Brar. (1990). Expectativas dos criadores de plantas em relação à cultura de tecidos. In: Plant tissue culture - applications and limitations. Elservier Sci. publ. Amesterdão, Países Baixos.

Guzman M., Zapata Arias F. J. (2000). Aumento da eficiência da cultura de anteras em arroz (***Oryza sativa L.***) utilizando anteras de plantas em soqueira. Plant Sci. J.151: 107-114.

Habib, S.H.; M.K. Bashar; M. Khalequzzaman; M.S. Ahmed e E.S.M.H. Rashid (2005). Análise genética e critérios de seleção morfo-fisiológicos para germoplasmas tradicionais de arroz do Bangladesh com biroina. Jornal de Ciências Biológicas. 5(3): 315-318.

Henry Y., P. Vain e J. De Buyser. (1994). Genetic analysisof in vitro plant tissue culture responses and regeneration capacities. Euphyt. 79, pp. 4558.

Hick, A. (1998). The potential for rice products and by-products in Asia (O potencial dos produtos e subprodutos do arroz na Ásia). 3rd Ann. Asia Int. Rice Conf., Phuket, Tailândia, pp.19.

Hu, H. (1985). Utilização de haploides no melhoramento de culturas. Em Biotechnology in International Agricultural Research, Proc. Inter seminar. IARC'S e Biotech. Int: 1 Rice Research Institute, College, Laguua, Filipinas. pp. 763-772.

Hu, H. e B. Huang (1987). Aplicações de plantas derivadas de pólen para o melhoramento de culturas. In: In. Rev. Cytol. 107, pp. 293-313.

Hu, H. e Yang, Y. (1986). Haploids of Higher Plants In Vitro. China Academic Publisher, Pequim/ Spriger-Velag, Berlim, pp.211.

Ichikawa H, Ichiyanagi T, Xu B, Yoshii Y, Nakajima M e Konishi T. (2000). Antioxidant Activity of Anthocyanin Extract from Purple Black Rice (Atividade antioxidante do extrato de anto de antocianina do arroz preto roxo). Departamento de Radioquímica-Biofísica, Faculdade de Farmácia de Niigata, Kamishin-ei 5-13-2, Niigata, 950-2081 Japão. In: J.Med. Food. Pp. 4:211-218.

IRRI (2001). Melhoramento genético para aumentar a produtividade e a saúde humana em ambientes frágeis (Projeto 7). Resultado 5: Desenvolvimento de arroz enriquecido com micronutrientes para combater a desnutrição em ambientes frágeis, pp.31. Instituto Internacional de Investigação do Arroz. DAPO Box 7777, Metro Manila, Filipinas

IRRI (2006). Arroz com alto teor de ferro e zinco. In: Ciência do Arroz para um Mundo Melhor. Instituto Internacional de Investigação do Arroz. DAPO Box 7777, Metro Manila, Filipinas

Itani T, Tamaki M, Arai E e Horino T. (2002). Distribuição de amilose, azoto e minerais em grãos de arroz com vários caracteres. Escola de Recursos

Biológicos, Universidade da Província de Hiroshima, Shobara, Hiroshima 727-0023, Japão. J. Agric Food Chem. 2002. 50:5326-32.

Jackson, M.L. (1967). Soil chemical analysis. Printic Hall of India, Nova Deli :144-197.

Karim, D.; U. Sarkar; M.N.A. Siddique; M.A. Khaleque Miah e M.Z. Hasnat (2007). Variabilidade e análise de parâmetros genéticos em arroz aromático. Int. J. Sustain. Crop Prod. 2(5):15-18.

Kaushik, A. e J. P. Patil. (1982). Relações de caracteres que contribuem para o rendimento do arroz transplantado de baixa estatura. Indian J. Agric. Sci. 52 (11): 23-26.

Kayahara, Hiroshi e Kikuichi Tsukahara (2000). Sabor, saúde e qualidade nutricional do arroz integral pré-germinado. In: Congresso Internacional de Química das Sociedades da Bacia do Pacífico no Havai.

Khush, G. S., Senadhira, D. (1994). Strategies for improved Rice varieties with tolerance of a diverse soil conditions. In: Sendhira, D. (Ed), Rice and problems soils in South Asia. IRRI Discussion paper series No.4 pp. 145-154.

Kikuchi, F.; M. Sasaki; I. Oshima e K. Maruyama (1992). Variação de vários caracteres na cultura de anteras derivada das linhas A2 e F3 produzidas a partir de um cruzamento entre variedades de arroz de terras altas e de terras baixas. Publicação especial da Estação de Melhoramento Agrícola do Distrito de Taichung. 29: 239-249.

Kumar, C. R. A. e S. R. J. Rangasamy (1986). Influência causal de caraterísticas de fundo no rendimento de grãos e na altura da planta em arroz. Oryza. 23(1): 23-26.

Lapitan Victoria C., Ernesto, B. Cayaban, Leslie T. Referos, Genaro O. San Valentin e Leocadio Sarma, N. P., Rao, G. J. N. (2004). Cultura de tecidos no melhoramento do arroz 28 : 3, 283-294, 113.

Mandal, A.B.; T.E. Sheeja e R. Bidhan (2000). Avaliação da variação androclonal num arroz indica PTB 28. Indian Journal of Experimental Biology. 38(10): 1054-1057.

Meng F; Wei Y. e Yang X. (2004). Conteúdo de ferro e biodisponibilidade no arroz: J. Trace Elem Med Biol. 18: 333-338.

Meng, F.; Wei Y. e Yang X. (2004). Conteúdo e biodisponibilidade de ferro no arroz. Laboratório-chave do Ministério da Educação de Remediação Ambiental e Saúde do Ecossistema, Universidade de Zhejiang, Campus de Huajiachi, Hangzhou 310029, China. J Trace Elem Med Biol. 2004. 18:333-8.

Meng, Fanhua; Youzhang, Wei e Xiaoe Yang (2005). Teor e biodisponibilidade de ferro no arroz. Em: Journalof Trace Elements in Medicine and Biology 18 : 333 : 338.

Mirza, J. M.; F. A. Faiz e A. Majid (1992). Estudos de correlação e análise de caminho da altura da planta, rendimento e componentes de rendimento em arroz (Oryza sativa L.). Sarhad J. Agric. 8 (5): 627-653.

Morrison, R. A., Evans D. A. (1998). Plantas haplóides de cultura de tecidos: novas variedades de plantas num curto espaço de tempo. In: 6: 684-690.

Mruthunjaya, C. W. e M. Mahadevappa (1995). Variabilidade genética, hereditariedade e avanço genético para o rendimento e os seus caracteres contribuintes na cultura da soca do arroz (Oryza sativa L.). Mysore J. Agric. Sci. 29:285- 288.

Muhammad Babar, Asif Ali Khan, Anjuman Arif, Yusuf Zafar e Muhammad Arif (2007). Análise de caminhos de algumas caraterísticas das folhas e da panícula que afectam o rendimento de grãos em linhas haplóides duplas de arroz (*Oryza sativa L.*). Instituto Nacional de Biotecnologia e Engenharia Genética, Faisalabad, Paquistão. In: Journal of Agriculture research, J. Agric. Res. 45(4): 245-252.

Murashige, T. e F. Skoog (1962). A revised medium for rapid growth and bioassays with tobaco tissue culture. Physiol. Plant. 15: 473- 497.

Murray, A.A. e W.F. Thompson (1980). Isolamento rápido de ADN de plantas de elevado peso molecular. Nucleic Acid Res. 8: 4321-4325.

Nam SH, Choi SP, Kang MY, Kozukue N & Friedman M. (2005). Actividades antioxidantes, antimutagénicas e anticarcinogénicas de extractos de farelo de arroz em ensaios químicos e celulares. Departamento de Ciências Biológicas, Universidade de Ajou, Suwon 443-749, Coreia. In: J Agric Food Chem. 53:816-22.

Okelola, F.S.; Adebisi, M.A., Kehinde, O.B. e A.M. Oluwole (2007). Variabilidade genotípica e fenotípica para caraterísticas de vigor de sementes e rendimento de sementes em genótipos de arroz da África Ocidental (Oryza sativa L.). Journal of American Science. 3(3): 34-41.

Pande, H. (1997). Androgénese em culturas de anteras de uma cultivar Indica de ***Oryza sativa L.*** Tese de doutoramento, Uni. de Deli.

Patil, P.A.; C.R. Mahajan; S.S. Mehetre e D.N. Hajare (1993). Análise da variabilidade e da hereditariedade em arroz de terras altas. Oryza. 30: 154-156.

Panwar, A.; R.K. Sharma; R.P.S. Dhaka; K.P.S. Arya e A. Panwar (1997). Correlação de rendimento e componentes de rendimento em arroz. Advances in plant Sci. 10:217-220.

Paul, S.K. e A.K. Sarmah (1997). Inter-relação entre a produção e os caracteres que contribuem para a produção do arroz de terras altas. J. Agric. Sci., Society of North-East India 10:164-167.

Prasad, B.; A.K. Patwary e P.S. Biswas (2001). Variabilidade genética e critérios de seleção em arroz fino (Oryza sativa L.). Pakistan Journal of Biological Sciences. 4(10): 1188-1190.

Raina, S. K. (1989). Tissue culture in rice improvement status and potential (Cultura de tecidos no melhoramento do arroz: situação e potencial). Agron. 42: 339-397.

Ramakrishnan, S.H.; C.R. Anandakumar; S. Saravanan e N. Malini (2006). Análise de associação de alguns traços de rendimento no arroz (*Oryza sativa L.*). Journal of Applied Sciences Research. 2(7): 402-404.

Rasheed, M.S., H.A. Sadaqat e M. Babar (2002). Correlação e análise do coeficiente de caminho para o rendimento e seus componentes no arroz (Oryza sativa L.). Asian Journal of Plant Sciences. 1(3): 241-244.

Reddy, C. D. R. e Y. S. Nerkar (1991). Heterose em F1, depressão endogâmica e estimativas de hereditariedade em F2 de cruzamentos de arroz. Crop Research (Hisar). 4(2): 288-292.

Sawant, D.S. e S.L. Patil (1995). Genetic variability and heritability in rice (Variabilidade genética e hereditariedade no arroz). Annals of Agric. Res. 16(1): 59- 61.

Sebastião S. (2004). Novas direcções para uma planta diversa. In: Procedimentos do 4th

International Crop Science Congress. Brisbane, Austrália, 26 de setembro a 1 de outubro.

Sivakumar, P; e J.R.K. Bapu (2005). Associação de caracteres em híbridos de arroz inter-específicos envolvendo genes de compatibilidade alargada. Crop. Res. Hisar. 30: 208-210.

Sharmin, Shahnewaz; Bari, M. A.; Siddique, N. A. e Rahman M. H. (2004). Effects of genotype on induction of callus and regeneration potential in vitro anther culture of rice (***Oryza sativa. L.***). In: Pakistan Journal of Biology Sci. 7 (2), pp.235-237.

Shanthakumar, G., M. Mahadevappa e K. Rudraradhya (1998). Estudos sobre variabilidade genética, correlação e análise de trajetória no arroz (Oryza sativa L). Karnataka J. Agric. Sci. 11(1): 67-72.

Snape, J. W. (1989). Double haploid breeding: theoretical basis and practical applications. In: Mujeeb - Kasi , A; Sitch , L.A. (Eds), D.F. México e IRRI , Los Banos , Filipinas , pp.19-30.

Snedecor, G.W. e W.G. Cochran (1967). Statistical methods. 6th ed. Iowa State Univ. Press, Ames, Iowa, U.S.A.

Steel, R.G. e J.H. Torrie (1960). Principles and procedures of statistics. Mc-Graw Hill Book Company, INC. Nova Iorque

Thuan Tai Ong, Vuong Dinh Tuan e Bui Ba Bang (2001). Estudo sobre a cultura de anteras de plantas F1 provenientes de cruzamentos entre cultivares de arroz aromático e melhorado. Omonrice 9: 41-45. **Wang. J. Y.; Jiang. C.; Zheng, J. G. (2002).** O conteúdo de elementos minerais em arroz polido e farelo de várias cores. J. Fujian Agric. For. Univ. (Nat. Sci.
Ed.) 31, 409-413.

Xia Xiaodong, Wenhua Ling, Jing Ma, Min Xia, Mengjun Hou, Qing Wang, Huilian Zhu e Zhihong Tang. (2006). An Anthocyanin-Rich Extract from Black Rice Enhances Atherosclerotic Plaque Stabilization in Apolipoprotein E-Deficient Mice. In: Departamento de Nutrição, Escola de Saúde Pública, Universidade Sun Yat-sen (Campus do Norte), Guangzhou 510080, R. P. China. In: J. Nutr. 136: 2220-2225.

Yolanda, J.L. and L.D.V. Das (1995). Correlation and path analysis in rice (*Oryza sativa*).Madras Agric. J. 82: 565-566.

Yoshida, S.; D.A. Forno; J.H. Cock e K.A. Gomez (1976). Manual de estudos fisiológicos do arroz. 3rd ed. Instituto Internacional de Investigação do Arroz, Los Banos, Filipinas. pp. 83.

Zapata, F. J. (1992). Cultura de anteras do IRRI: Procedimento, Progresso, Problema e Perspectivas. In: workshop sobre cultura de anteras para criadores de arroz 12-24 de outubro. Instituto Nacional de Investigação do Arroz da China.

Zeng, Y. W.; Shen, S. Q.; Wang, L. X.; Liu, J. F.; Pu, X. Y.; Du, J.(2003). Relação entre as caraterísticas morfológicas e de qualidade e o teor de elementos minerais. Chin. J. Rice Sci. 19 (2), 127-131.

Zhang, M. W.; Du Y. Q.; Peng Z. M. e He, C. X. (1999). Efeitos genéticos de elementos minerais de Fe, Zn, Mn e P em grãos de arroz de pericarpo preto. Instituto de Investigação Biotécnica, Academia de Ciências Agrícolas de Guangdong, Guangzhou 510640, China. In: Yi Chuan Xue Bao. 1999. **27**:7929.

Zhang Y, Shen FC, Yang GW, He GH, Zhang ZS & Yang ZL. (2004). Análise da herança da inibição e anti-inibição da linha roxa do coleóptilo no arroz e da localização SSR do gene Ai(t). Biotecnologia e Melhoria da Qualidade das Culturas do Ministério da Agricultura, Universidade Agrícola do Sudoeste, Chongqing 400716, China.

Zhan, Z.; Zheng Z., Gao Y. e Gao H. (1984). Criação e utilização de variedades de cultura de **anteras** 'Xinxion' e 'Huazao' em arroz ***(Oryza sativa*** *L.).* In: Genetic manipulation of crops, publicado para IRRI, Filipinas e Academic Sinica, China.

Zhang, Z. H. (1982). Aplicação da técnica de cultura de anteras ao melhoramento do arroz. In: proc. on Rice Tissue Culture Planning Conference. IRRI, Los Banos, pp. 5561.

MIX
Papier aus verantwortungsvollen Quellen
Paper from responsible sources
FSC® C105338

Printed by Books on Demand GmbH, Norderstedt / Germany